OpenResty

完全开发指南

构建百万级别并发的Web应用

罗剑锋 著

電子工業出版社
Publishing House of Electronics Industry
北京•BEIJING

内 容 简 介

OpenResty 是一个基于 Nginx 的高性能 Web 平台，能够方便地搭建处理超高并发的动态 Web 应用、Web 服务和动态网关。

与现有的其他开发语言/环境相比，OpenResty 有着高性能、高灵活性、易于学习和扩展等许多优点，近年来得到了越来越多开发者的关注，也有了很多成功的应用范例，如 Adobe、Dropbox、GitHub 等知名公司都基于 OpenResty 构建了自己的后端业务应用。

OpenResty 自带完善的帮助文档，开发社区也很活跃，但相关的学习资料——特别是中文资料较少。本书基于作者多年使用 OpenResty 的经验，系统地阐述了 OpenResty 相关的各方面知识和要点，帮助读者快速掌握这个高效易用的 Web 开发平台，进而实现 HTTP/HTTPS/TCP/UDP 等多种网络应用。

本书结构严谨、详略得当，具有较强的实用性，适合广大软件开发工程师、系统运维工程师、编程爱好者和计算机专业学生阅读参考。

图书在版编目（CIP）数据

OpenResty 完全开发指南：构建百万级别并发的 Web 应用 / 罗剑锋著. —北京：电子工业出版社，2018.9
ISBN 978-7-121-34896-9

Ⅰ. ①O… Ⅱ. ①罗… Ⅲ. ①互联网络－网络服务器－程序设计 Ⅳ. ①TP368.5

中国版本图书馆 CIP 数据核字(2018)第 188129 号

策划编辑：孙学瑛
责任编辑：牛　勇
印　　刷：北京天宇星印刷厂
装　　订：北京天宇星印刷厂
出版发行：电子工业出版社
　　　　　北京市海淀区万寿路 173 信箱　邮编 100036
开　　本：787×980　1/16　印张：14.25　字数：317 千字
版　　次：2018 年 9 月第 1 版
印　　次：2018 年 9 月第 1 次印刷
定　　价：69.00 元

凡所购买电子工业出版社图书有缺损问题，请向购买书店调换。若书店售缺，请与本社发行部联系，联系及邮购电话：（010）88254888，88258888。

质量投诉请发邮件至 zlts@phei.com.cn，盗版侵权举报请发邮件至 dbqq@phei.com.cn。

本书咨询联系方式：010-51260888-819，faq@phei.com.cn。

前言

随感

本书肇始于三年多前我的《Nginx 模块开发指南》一书。最初是以书末的附录形式出现，只有短短的几页，粗略地介绍了 OpenResty 的核心组件 ngx_lua。连我自己也没有想到，几年后的今天它竟然“脱胎换骨”，进化成了一本颇具规模的正式图书。

写作本书还是有感于目前国内技术书刊市场的现状。

十几二十几年前只有少数资深专家掌握核心技术，通过著书立说的方式来分享知识，普惠大众。但随着互联网的高速发展，知识的获取方式变得越来越简单了，任何人都可以在网上轻松地查找到所需的资料，也可以在网上很容易地发表文章。书——曾经被誉为“进步的阶梯”“精神的食粮”——已经不是那么重要了。

另一方面，互联网的普及也降低了书的严肃性和出版门槛。个人“恶意推测”，也许是为了“图省事”或者“赚快钱”，有相当多的人只是把若干博客文章集合在一起，再加以少量修改就“攒”成了一本书。这种“乱炖”“杂烩”形式的书籍拼凑的痕迹十分明显，缺乏内在的逻辑和连贯性，不过凭借着网络上积累的“人气”也能够获得不错的销量，但在我看来实在是对读者的不尊重和不负责。

一个极端的例子是前段时间偶然遇到的名为《□□开发实战》的书，其粗制滥造程度简直是“超乎想象”，“不料，也不信竟会凶残到这地步”[①]——几乎 90%的内容都是原封不动地拷贝网络上现成的材料，再有就是直接复制数十页全无注释的杂乱代码，通篇看下来可能只有前言是“原创”，着实是“钦佩”该书作者厚颜无耻的“功力”。

① 原文出自鲁迅《记念刘和珍君》。

单纯地感慨“世风日下”“人心不古”是没有用的，我所能做的，就是尽自己“微茫”的努力，写出一些无愧于己于人的文字。

关于 OpenResty

有这样一种说法：“Nginx 是网络世界里的操作系统，而 OpenResty 则是 Nginx 上的 Web 服务器”。

Nginx 在 Web Server 业内的领军地位早已经得到了公认，是高性能服务器的杰出代表。它采用 C 语言开发，能够跨平台运行，把性能挖掘优化技术发挥到了极致。正因为如此，Nginx 也很自然地成为了一个超越原生操作系统的开发平台，程序员可以完全无视底层系统之间的差异，在 Nginx 的框架里调用丰富的数据结构和功能接口，开发出高性能高可移植的各种应用程序。[①]

但基于 Nginx 开发主要使用的语言是 C/C++，开发难度高周期长，虽然没有达到“望而生畏”的程度但亦不远矣。好在 OpenResty 应运而生，在 Nginx 里嵌入了 LuaJIT 环境和 Lua 语言，就如同给裸系统添加了一个高效易用的 Shell，瞬间就让 Nginx 开发的难度直线下降，降低到了普通的心智模型可以理解掌握的水平。

早期 OpenResty 对于自身的定位主要还是 HTTP Server（其实也是受到 Nginx 的限制），可以利用“胶水语言”Lua 来操纵 Nginx，灵活定制业务逻辑，方便快捷地搭建出超高并发的各种 Web 服务，从而节约时间和人力成本。多年来的实践证明，这方面它的确工作得非常出色。

近两年 OpenResty 的发展开始加速，支持了 TCP/UDP 协议，扩充了众多的专用库、应用框架以及外围工具，逐渐形成了一个比较独立自洽的生态体系。虽然 Nginx 仍然是核心，但看得出 OpenResty 有淡化自身“Nginx Bundle”色彩的趋势，力图成为一个更伟大的存在。

随着软件基金会和商业公司的成立，OpenResty 获得了前所未有的成长动力。“路远，正未有穷期”，在此借本书送上诚挚的祝福与期待。

---

① 通常来说 Nginx 适合运行单线程的 I/O 密集型应用，但实际上它也可以使用多线程技术运行 CPU 密集型应用。

致谢

首先要感谢 Nginx 的作者 Igor Sysoev 和 OpenResty 的作者 agentzh，正是因为他们多年来持续无私的奉献，我们才能够拥有如此强大易用的 Web Server。

接下来我要感谢父母多年来的养育之恩，感谢妻子和两个可爱的女儿（“点心”组合）在生活中的陪伴，愿你们能够永远幸福快乐。

我也要感谢读者选择本书，希望读者能从中汲取有用的知识，让 OpenResty 成为工作中的得力助手。

您的朋友 罗剑锋

2018 年 7 月 18 日 于 北京 798 园区

目录

第 0 章 导读

0.1 关于本书

OpenResty 是一个基于 Nginx 的高性能 Web 平台，能够方便地使用动态脚本语言 Lua 搭建高并发、高扩展性的 Web 应用和动态网关。

与 Go、PHP、Python、Node.js 等现有的其他 Web 开发语言/环境相比，OpenResty 具有高性能、高灵活性、易于学习和扩展等许多优点，在高性能 Web 编程领域得到了广泛的应用，已经有为数众多的国内外大公司基于 OpenResty 构建了自己的业务服务，例如 Adobe、DropBox、GitHub 等。

虽然 OpenResty 自带完善的帮助文档，开发社区也很活跃，但它毕竟还是一个较新的开发平台，相关的学习资料较少，了解的人不多。有鉴于此，作者基于多年使用 OpenResty 的经验编写了本书，希望能够为 OpenResty 的普及尽一份自己的力量，也希望读者能够利用 OpenResty 开发出更多更好的 Web 应用。

0.2 读者对象

本书适合以下各类读者：

- 追求高性能的 Web 应用研发工程师；
- 微服务、API 网关、Web 应用防火墙的研发工程师；
- 手机游戏、网络游戏后端服务器的研发工程师；
- 通用的 HTTP/TCP/UDP 应用服务研发工程师；
- 工作在 Linux 系统上的运维、测试工程师；

■ 计算机编程爱好者和在校学生。

随着宽带网络的快速普及和移动互联网的高速发展，网站需要为越来越多的用户提供服务，处理越来越多的并发请求，要求服务器必须具有很高的性能才能应对不断增长的需求和突发的访问高峰。在超高并发请求的场景下，很多常用的服务开发框架都会显得“力不从心”，服务能力严重下降，很难优化。这时我们就可以选择 OpenResty，它内置高效的事件驱动模型和进程池机制，直接在“起点”上构建高性能的 Web 应用，而且可以很容易地调整配置参数进一步释放系统潜力。

现在的网站架构大都是分布式系统，经常部署有成百上千个内部模块，这些模块通常基于“微服务”“服务网格”等架构，彼此之间的联系十分复杂，在演化过程中系统会逐渐变得难以理解和维护。OpenResty 具有优秀的反向代理和负载均衡能力，在复杂的分布式系统中可以充当 API Gateway 的角色，分治整合不同种类的服务简化系统，并使用内嵌的 Lua 脚本添加缓冲、限流、防护、认证等额外功能。

游戏类应用是目前互联网特别是移动互联网上的一大类应用，用户量很庞大。这些应用多数会提供在线服务，要求后端稳定可靠，最好还能够快速修复错误或上线新功能。OpenResty 非常适合担当这样的后端服务器，它不仅性能高运行稳定，而且由于使用的是动态脚本语言 Lua，上手容易且功能丰富，能够很好地缩短产品的开发周期，实现快速迭代。此外，因为 Lua 语言也经常被用于游戏客户端开发，使用 OpenResty 还可以打通前后端，统一开发语言，轻松地成为掌控全局的“全栈”工程师。

除了开发标准的 Web 应用，OpenResty 也是一个通用的服务器开发框架，内部结构良好，基础设施完备，支持 HTTP/HTTPS/WebSocket/TCP/UDP 等多种网络协议和 Redis、MySQL 等常见的数据库，能够使用 Lua 以简单易理解的同步非阻塞模式编程，快捷实现各种业务逻辑，部分或完全取代自研框架或其他开源框架，实现任意的后台服务。

OpenResty 不仅是一个单纯的服务器软件，它还是一个完整的应用环境，其中就包含了一个非常有用的 Lua 脚本解释器。运维、测试工程师可以使用小巧灵活的 Lua 代替 Shell、Perl、Python 等语言，调用 OpenResty 的内部功能接口写出高效实用的各种脚本，如系统管理、状态监控、单元测试或压力测试，方便自己的工作。

最关键的一点，OpenResty 是完全开源的，拥有成熟活跃的开发社区和许多顶级的开发者，研究、参与它可以领会真正的“开源”精神，学习到各种前沿的理念、技术和知识，提高自身的能力。

0.3 读者要求

本书不要求读者具备专门的编程语言知识。

开发 Web 服务通常给人的感觉是很难，要掌握复杂的开发技巧和应用框架，但 OpenResty 把这个门槛大大降低了。它的开发模型非常直观容易理解，而且使用的主力编程语言是 Lua，一种小巧轻便的动态脚本语言，学习难度很低，只要具有初级编程经验就可以快速掌握。

但如果想要深入 OpenResty 底层编写出更高效的代码，还是建议读者多了解一些 C 语言和 Linux 的相关知识。

0.4 运行环境

OpenResty 可以跨平台编译和运行，支持 Linux、FreeBSD、macOS、Windows 等多种操作系统。但就目前市场来看，Linux 是应用最普及的服务器操作系统，故本书的开发环境选用 Linux。

Linux 有很多的发行版本，企业中使用较多的是偏重于稳定性的 CentOS 和偏重于易用性的 Ubuntu，出于个人喜好的原因本书选择了 Ubuntu，版本号是 16.04.03。

0.5 本书的结构

对于大多数读者来说，OpenResty 可能都是一个“陌生”的开发环境，所以本书采用循序渐进的方式组织全书的章节：首先介绍基本知识作为入门，然后解析运行机制和开发流程，再由浅入深地逐步讲解功能接口和如何开发各种 Web 服务。

全书共 15 章，各章的内容简介如下。

■ 第 1 章：总论

本章简要介绍 OpenResty 的历史、组成和编译安装的方法。

■ 第 2 章：Nginx 平台

Nginx 是 OpenResty 的核心部件，本章介绍了它的特点、进程模型和各种应用服务的配置方法。

■ 第 3 章：Lua 语言

本章讲解 OpenResty 的工作语言 Lua，包括详细的语法和标准库。

■ 第 4 章：LuaJIT 环境

本章介绍 OpenResty 使用的 Lua 运行环境 LuaJIT，它的运行效率更高，而且提供很多特别的优化和库，比原生的 Lua 更加强大。

■ 第 5 章：开发概述

本章在宏观的层次介绍开发 OpenResty 应用的基本流程、配置指令、运行机制等知识，帮助读者从总体上理解掌握 OpenResty。

■ 第 6 章：基础功能

本章介绍 OpenResty 里的一些基础功能，如系统信息、日志、时间日期、编码格式转换、正则表达式、高速缓存等。

■ 第 7 章：HTTP 服务

本章介绍 OpenResty 为开发 HTTP 服务提供的大量功能接口，操纵 HTTP 请求和响应，学习完本章就能够轻松开发出高性能的 Web 应用。

■ 第 8 章：访问后端

本章介绍 OpenResty 提供的两种高效通信机制：location.capture 和 cosocket，还有基于它们实现的一些客户端库，可以访问 HTTP、Redis、MySQL 等多种后端。

■ 第 9 章：反向代理

本章介绍 OpenResty 的反向代理功能，搭建动态网关，并使用 ngx.upstream 和 ngx.balancer 实现深度定制。

■ 第 10 章：高级功能

本章介绍 OpenResty 里的共享内存、定时器、进程管理和轻量级线程这四个高级功能。

■ 第 11 章：HTTPS 服务

本章介绍如何在 OpenResty 里开发 HTTPS 服务，实践动态加载证书、动态查验证书和会话复用等 HTTPS 优化技术。

■ 第 12 章：HTTP2 服务

本章介绍如何在 OpenResty 里开发 HTTP2 服务。

■ 第 13 章：WebSocket 服务

本章介绍如何在 OpenResty 里开发 WebSocket 服务。

- 第 14 章：TCP/UDP 服务

本章介绍 OpenResty 里处理 TCP/UDP 协议的 stream 子系统，能够基于 TCP/UDP 协议开发出更通用的 Web 服务。

- 第 15 章：结束语

本章给出了读者在阅读完本书后进一步学习研究 OpenResty 的方向。

0.6 如何阅读本书

初次接触 OpenResty 的读者应当先阅读第 1 章至第 4 章，在本书的指导下安装配置 OpenResty，搭建自己的开发环境，了解 OpenResty 的组成、运行平台和工作语言，然后再学习后续的章节。

如果读者已经比较熟悉 OpenResty，那么可以跳过前 4 章，从第 5 章开始顺序阅读，或者检索目录直接跳到感兴趣的章节，研究 OpenResty 的内部运行机制、功能接口、各种服务的配置和开发方式。

0.7 本书的源码

为方便读者利用本书学习研究 OpenResty，作者在 GitHub 网站上发布了本书内所有示例程序的源代码，地址是：

```
https://github.com/chronolaw/openresty_dev.git      #OpenResty 开发示例
```

对于想深入钻研的读者，还有另外两个项目供进一步参考：

```
https://github.com/chronolaw/annotated_nginx.git    #Nginx 源码详细注解
https://github.com/chronolaw/favorite-nginx.git     #各种有用的 Nginx 资源
```

第 1 章

总论

由 agentzh 创立的开源项目 OpenResty 成功地把 Lua 语言嵌入了 Nginx，用 Lua 作为“胶水语言”粘合 Nginx 的各个模块和底层接口，以脚本的方式直接实现复杂的 HTTP/TCP/UDP 业务逻辑，降低了 Web Server——特别是高性能 Web Server 的开发门槛。

很多国内外大型网站都在使用 OpenResty 开发后端应用，而且越来越多，知名的国外公司有 Adobe、CloudFlare、Dropbox、GitHub 等，国内则有 12306、阿里、爱奇艺、京东、美团、奇虎、新浪等，充分地证明了 OpenResty 的优秀。①

本章将简略地介绍 OpenResty 的历史、特点和组成，带领读者初步感受它的风采。

1.1 简介

在官网上对 OpenResty 是这样介绍的（http://openresty.org）：

“OpenResty 是一个基于 Nginx 与 Lua 的高性能 Web 平台，其内部集成了大量精良的 Lua 库、第三方模块以及大多数的依赖项。用于方便地搭建能够处理超高并发、扩展性极高的动态 Web 应用、Web 服务和动态网关。

“OpenResty 通过汇聚各种设计精良的 Nginx 模块（主要由 OpenResty 团队自主开发），从而将 Nginx 有效地变成一个强大的通用 Web 应用平台。这样，Web 开发人员和系统工程师可以使用 Lua 脚本语言调动 Nginx 支持的各种 C 以及 Lua 模块，快速构造出足以胜任 10K 乃至 1000K 以上单机并发连接的高性能 Web 应用系统。

① 有统计数据表明，在 2017 年中，互联网上使用 OpenResty 的主机数量已经超过了 25 万。

“OpenResty 的目标是让你的 Web 服务直接跑在 Nginx 服务内部，充分利用 Nginx 的非阻塞 I/O 模型，不仅仅对 HTTP 客户端请求，甚至于对远程后端诸如 MySQL、PostgreSQL、Memcached 以及 Redis 等都进行一致的高性能响应。”

从这段描述里我们可以知道，OpenResty 以 Nginx 为核心，集成打包了众多侧重于高性能 Web 开发的外围组件，它既是一个 Web Server，也是一个成熟完善的开发套件。

OpenResty 基于 Nginx 和 Lua/LuaJIT，充分利用了两者的优势，能够无阻塞地处理海量并发连接，任意操纵 HTTP/TCP/UDP 数据流，而且功能代码不需要编译，可以就地修改脚本并运行，简化了开发流程，加快了开发和调试的速度，同时也缩短了开发周期，在如今这个快节奏的时代里弥足珍贵。

更广义地来看，OpenResty 不仅仅是一个单纯的 Web 服务开发套件。经过多年的发展，围绕着 OpenResty 已经聚集了很多的个人用户和商业公司，开发出大量的第三方库和应用框架，每年还会定期举办技术研讨会——这些都标志着 OpenResty 已经成长为了一个活跃的开源社区和完整的生态环境。

1.2 历史

2007 年，受到当时风行的 OpenAPI 和 REST 潮流的影响，agentzh 使用 Perl 语言（还有少量的 Haskell）开发出了一套 Web Service 框架，也就是如今 OpenResty 的雏形。由于 Perl 语言自身的限制，虽然 agentzh 做了很多优化工作，但性能始终无法令人满意。①

2009 年，在综合比较了 Apache、Lighttpd 和 Nginx 等服务器框架的优劣之后，agentzh 决定以 Nginx 作为新的开发平台，与同事 chaoslawful 合力用 C 语言重新设计和实现了之前的框架，并选择小巧紧凑的动态脚本语言 Lua 作为上层的用户语言。就这样，我们所熟悉的高性能服务器开发包 OpenResty 诞生了。

2011 年，随着 OpenResty 的用户逐渐增多，开源项目与本职工作的冲突越来越严重，agentzh 于是辞职在家，专心维护 OpenResty，为全世界的程序员提供“免费服务”。

2012 年，旧金山的一家公司向 agentzh 发出邀请，支持他以全职状态继续开发 OpenResty。没有了后顾之忧，agentzh 全心投入到了开源事业中，为 OpenResty 增加了大量的新功能，这段时间是 OpenResty 的迅速成长期。

2015 年，首届 OpenResty 开发大会在北京召开。大会汇集了多个国内外公司和开发者，

① 第一代的 OpenResty 可参见 https://github.com/agentzh/old-openresty。

agentzh 本人也亲自莅临会场，总结回顾 OpenResty 的历程，展望将来的发展目标。

2016 年，OpenResty 软件基金会在香港成立，并获得了国内某科技公司 100 万元的捐赠，基金会的主要目标是促进、资助 OpenResty 相关的开源项目。

2017 年，agentzh 在旧金山成立了公司 OpenResty Inc，探索商业化的可能，并很快于年中发布了流量管理产品“OpenResty Edge 2”。

1.3 组成

OpenResty 并不是个“单块”（Monolithic）的程序，而是由众多设计精良的组件集合而成的，这些组件可以灵活组装或拆卸，共同搭建起了完整的高性能服务器开发环境。

核心组件

OpenResty 的核心组成部分有四个，分别是：

- Nginx ：高性能的 Web 服务器（不熟悉的读者可阅读第 2 章）；
- LuaJIT ：高效的 Lua 语言解释器/编译器；
- ngx_lua（http_lua） ：处理 HTTP 协议，让 Lua 程序嵌入在 Nginx 里运行；
- stream_lua ：与 ngx_lua 类似，但处理的是 TCP/UDP 协议。

使用这四个核心组件，OpenResty 就可以完成相当多的网络应用开发工作了，但 OpenResty 远不止如此，它还包含了其他一些非常有用的 Nginx 组件和 Lua 组件，进一步增加了开发工作的便利。①

Nginx 组件

OpenResty 里的 Nginx 组件以 C 模块的方式提供，集成在 Nginx 内部，较常用的有：

- ngx_iconv ：转换不同的字符集编码；
- ngx_encrypted ：使用 AES-256 算法执行简单的加密运算；
- ngx_echo ：提供一系列“echo”风格的指令和变量；
- ngx_set_misc ：增强的“set_xxx”指令，用来操作变量；
- ngx_headers_more ：更方便地处理 HTTP 请求头和响应头的指令；
- ngx_memc ：支持各种 memcached 操作；

① 为了叙述方便，本书约定用 C 语言实现的 OpenResty 组件名字加“ngx”前缀，用 Lua 语言实现的 OpenResty 组件名字加“lua”或“lua-resty”前缀。

- ngx_redis2 ：支持各种 Redis 操作；
- ngx_dizzle ：支持各种 MySQL 操作；
- ngx_postgres ：支持各种 PostgreSQL 操作。

Lua 组件

OpenResty 里的 Lua 组件通常以 Lua 源码的方式提供（*.lua），但个别组件为追求效率会以 C 语言实现，是动态链接库的形式（*.so）。

较常用的 Lua 组件有：

- lua_core ：OpenResty 的核心功能库；
- lua_cjson ：处理 JSON 格式的数据，速度很快（使用 C 语言实现）；
- lua_string ：hex/md5/sha1/sha256 等字符串功能；
- lua_upload ：流式读取 HTTP 的上行数据；
- lua_healthcheck ：后端集群健康检查；
- lua_limit_traffic ：定制流量控制策略；
- lua_lock ：基于共享内存的非阻塞锁；
- lua_lrucache ：高效的 LRU 缓存功能；
- lua_dns ：高效、非阻塞的 DNS 解析功能；
- lua_websocket ：高效、非阻塞的 WebSocket 功能；
- lua_redis ：Redis 客户端，用起来比 ngx_redis2 更灵活；
- lua_memcached ：Memcached 客户端，用起来比 ngx_memc 更灵活；
- lua_mysql ：MySQL 客户端，用起来比 ngx_dizzle 更灵活。[①]

辅助工具

核心组件、Nginx 组件和 Lua 组件实现了 OpenResty 的主要功能，但作为集成开发环境，辅助开发、调试和运维的工具也是必不可少的。OpenResty 目前提供的辅助工具有：

- opm ：类似 rpm、npm 的管理工具，用来安装各种功能组件；
- resty-cli ：以命令行的形式直接执行 OpenResty/Lua 程序；
- restydoc ：类似 man 的参考手册，非常详细。

组件示意图

综上可见，OpenResty 是一个功能非常完备的服务器开发包，大多数 Web 应用所需的功

---

① 目前 OpenResty 发行包暂不含有操作 PostgreSQL 的 Lua 组件，但可以通过 opm 安装。

能都已经包含在了里面，也就是所谓的“out of box”，我们只需要简单地在自己的程序里引用，就能够轻松享用这些高质量的模块和库，从而快速实现新的业务。

OpenResty 的组成可以用图 1-1 来表示：

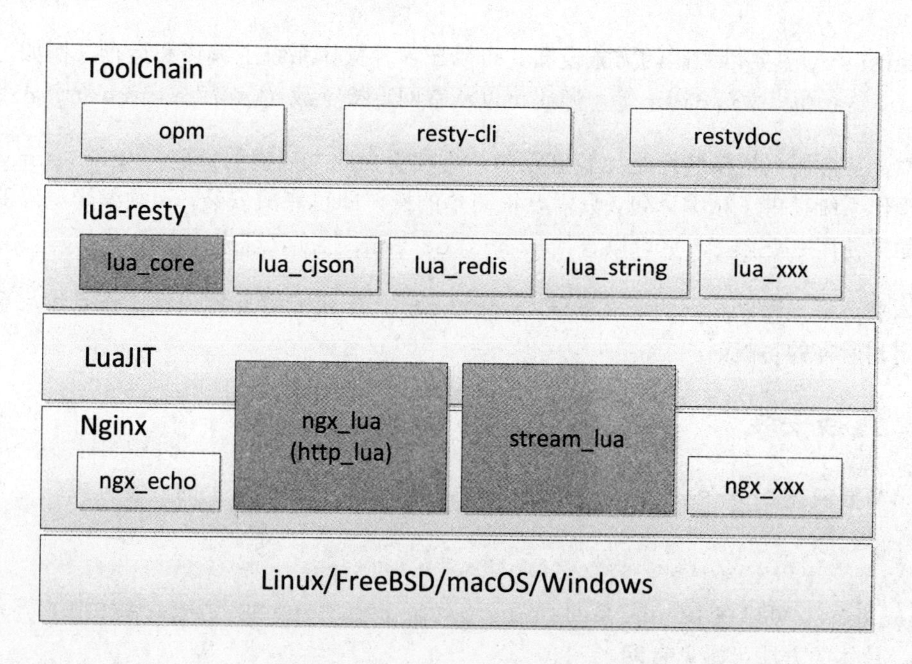

图 1-1 OpenResty 的组成

1.4 版本

OpenResty 使用四位数字作为版本号，形式是：a.b.c.x，其中前三位数字是内部 Nginx 的版本，作为大版本号，第四位数字是 OpenResty 自己的发布版本号，也就是小版本号。[1]

例如，OpenResty 1.13.6.1 表示包内部使用的是 Nginx 1.13.6，是本次大版本的第一个发布版本；OpenResty 1.9.7.5 表示包内部使用的是 Nginx 1.9.7，是第五个发布版本。

由于 OpenResty 每次更新都会增加很多新功能和错误修复，建议读者及时使用最新的版

① Nginx 是 OpenResty 里最核心的组成部分，是 OpenResty 的“基础运行平台”，所以 OpenResty 的发布版本就“追随”了 Nginx。个人认为这种方式比有的 Nginx Fork“另起炉灶”的版本号要好，核心的 Nginx 版本一目了然。

本，本书使用的 OpenResty 是 2018 年中发布的 1.13.6.2 版。

1.5 安装

OpenResty 主要以源码的方式发布，可以在多种操作系统上编译和运行，例如 Linux、FreeBSD、macOS、Windows 等，源码可以从官网直接下载（www.openresty.org）。

当然，从源码编译安装还是比较麻烦的，不利于企业大规模的部署，OpenResty 也对某些主流操作系统提供了预编译包，只需要很简单的操作即可完成安装，无须编译源码的长时间等待。如果使用 docker，更可以直接从 Docker Hub 上拉取现成的镜像。

但本书还是推荐以源码的方式安装 OpenResty，不仅能够支持任意操作系统，更可以更灵活地定制所需的功能。

1.5.1 直接安装

本节简要叙述 OpenResty 在 Linux、Windows 和 Docker 上的安装方式。

Linux

OpenResty 可以在 Linux 系的 Ubuntu/Debian、CentOS/Fedora/RHEL 等系统里直接安装，具体的方法可参见官网。

以 Ubuntu 为例，需执行下面的几条命令：

```
#导入 GPG key
wget -qO - https://openresty.org/package/pubkey.gpg | sudo apt-key add -

#安装命令 add-apt-repository
sudo apt-get -y install software-properties-common

#添加 OpenResty 官方源
sudo add-apt-repository -y \
  "deb http://openresty.org/package/ubuntu $(lsb_release -sc) main"

#更新源
sudo apt-get update

#开始安装 OpenResty
sudo apt-get install openresty
```

OpenResty 会默认安装到“/usr/local/openresty/”目录下。

Windows

对于 Windows 系统，OpenResty 提供两个 zip 包，里面是全套编译好的 Win32/Win64 可执行程序，解压后即可使用，非常方便。

由于 Windows 系统的原因，运行在 Windows 上的 OpenResty 的性能和稳定性没有 Linux 上的高，所以建议 Windows 版的 OpenResty 仅用于学习和测试，最好不要用于正式的生产环境（如果对性能和稳定性要求不高则另当别论）。

Docker

Docker 用户安装 OpenResty 是最简单的，用命令“docker pull openresty/openresty”就可以获取打包好的镜像。

1.5.2 源码安装

以源码的方式安装 OpenResty 有一些编译依赖，需要系统里有 C 编译器（通常是 gcc）、Perl、libpcre、libssl 等，可以使用 apt-get 或者 yum 等工具安装，例如：

```
apt-get install gcc libpcre3-dev \                #安装 gcc 等编译依赖
    libssl-dev perl make build-essential
```

之后我们就可以从官网上下载源码压缩包，解压后执行 configure 再 make 编译：

```
wget https://openresty.org/download/openresty-1.13.6.2.tar.gz
tar xvfz openresty-1.13.6.2.tar.gz              #解压缩
cd openresty-1.13.6.2                           #进入源码目录

./configure                                     #编译前的配置工作
make                                            #编译
sudo make install                               #安装
```

与直接安装相同，OpenResty 也会默认安装到“/usr/local/openresty/”目录下。

为了方便使用，建议在“~/.bashrc”文件里把安装目录添加到环境变量 PATH：

```
export PATH=/usr/local/openresty/bin:$PATH
```

1.5.3 定制安装

使用源码安装 OpenResty 有一个好处：可以在编译前的 configure 时指定各种配置选项，如编译参数、安装目录、添加或删除功能组件等，让 OpenResty 更符合我们的实际需要。不过这属于 OpenResty 比较高级的特性，通常默认的配置就足够了。

使用参数“--help”可以列出 configure 的详细说明，为节省篇幅这里不一一列出（也无必要）。下面仅举一个小例子，把 OpenResty 安装到“/opt/openresty”目录，启用 HTTP2 和真实 IP 功能，禁用 FastCGI 和 SCGI，OpenSSL 使用 1.0.2k：

```
./configure                                      #编译前的配置工作
  --prefix=/opt/openresty                 \      #指定安装到/opt/openresty目录下
  --with-http_v2_module                   \      #支持HTTP2
  --with-http_realip_module               \      #反向代理时可转发客户端真实IP地址
  --without-http_fastcgi_module           \      #不使用fastcgi
  --without-http_scgi_module              \      #不使用scgi
  --with-openssl="path/to/openssl-1.0.2k"        #使用OpenSSL 1.0.2k
```

更深入地定制 OpenResty 需要学习 Nginx 相关的知识，读者可参考附录 A 的推荐书目[5]以及附录 B。

1.6 目录结构

安装之后 OpenResty 的目录结构如下（以默认安装目录为例）：

```
/usr/local/openresty/                            #安装主目录
├── bin                                          #存放可执行文件
├── luajit                                       #LuaJIT运行库
├── lualib                                       #Lua组件
├── nginx                                        #Nginx核心运行平台
├── pod                                          #参考手册（restydoc）使用的数据
└── site                                         #包管理工具（opm）使用的数据
```

通常我们需要关注的是 bin 和 lualib 目录。

bin 目录里存放的是 OpenResty 可执行文件，关系到 OpenResty 的运行，较重要的有：

- openresty ：可执行文件，用来启动 OpenResty 服务（见 1.7 节）。①
- opm ：组件管理工具，用来安装各种功能组件（见 1.8 节）；
- resty ：命令行工具，可直接执行 Lua 程序（见 1.9 节）；
- restydoc ：参考手册（见 1.10 节）。

lualib 目录里存放的是 OpenResty 自带的 Lua 组件，如 lua_cjson、lua_core 等。

---

① bin/openresty 是对安装目录里 nginx/sbin/nginx 的符号链接，实际上就是 Nginx。这种做法更好地凸显了 OpenResty，而且屏蔽了内部的目录结构细节，避免了与系统里可能存在的其他 Nginx 实例的冲突。

1.7 启停服务

启动和停止 OpenResty 需要以 root 身份，或者使用 sudo。

直接运行 bin/openresty 就可以启动 OpenResty：

```
/usr/local/openresty/bin/openresty                  #启动 OpenResty 服务
```

OpenResty 默认开启了 localhost:80 服务，使用 wget 或者 curl 这样的工具就可以验证 OpenResty 是否正常工作：

```
curl -vo /dev/null http://localhost/index.html      #curl 命令发送 HTTP 请求
```

如果 OpenResty 正在运行，那么 curl 的部分输出可能如下：

```
* Connected to localhost (127.0.0.1) port 80 (#0)  #连接到 localhost:80

> GET /index.html HTTP/1.1                          #获取文件 index.html
> User-Agent: curl/7.35.0                           #curl 的版本号

< HTTP/1.1 200 OK                                   #响应码 200，工作正常
< Server: openresty/1.13.6.2                        #服务器是 OpenResty
< Content-Type: text/html                           #响应内容是普通文本
< Content-Length: 558                               #HTTP 正文长度是 558 字节
```

参数“-s stop”可以停止 OpenResty（注意同样需要以 root 身份或 sudo）：

```
/usr/local/openresty/bin/openresty -s stop          #停止 OpenResty 服务
```

更多的 OpenResty 运行命令可以参见 5.2 节。

1.8 组件管理工具

很多开发语言/环境都会提供配套的包管理工具，例如 npm/Node.js、cpan/Perl、gem/Ruby 等，它们可以方便地安装功能组件，辅助用户的开发工作，节约用户的时间和精力。OpenResty 也有功能类似的工具，名字叫 opm。

OpenResty 维护一个官方组件库（opm.openresty.org），opm 就是库的客户端，可以把组件库里的组件下载到本地，并管理本地的组件列表。①

① opm 不仅适用于 OpenResty 用户，也适用于 OpenResty 库开发者，允许他们上传组件到官方网站，只需要编写一个简单的 dist.ini 即可，本书暂不做介绍。

opm 的用法很简单，常用的命令有：

- search ：以关键字检索相关的组件；
- get ：安装功能组件（注意不是 install）；
- info ：显示已安装组件的详细信息；
- list ：列出所有本地已经安装的组件；
- upgrade ：更新某个已安装组件；
- update ：更新所有已安装组件；
- remove ：移除某个已安装组件。

opm 默认的操作目录是“/usr/local/openresty/site”，但我们也可以在命令前使用参数“--install-dir=*PATH*”安装到其他目录，或者用参数“--cwd”安装到当前目录的“./resty_modules/”目录里。

下面的命令示范了 opm 的部分用法：

```
opm search   http                               #搜索关键字 http
opm search   kafka                              #搜索关键字 kafka
opm get      agentzh/lua-resty-http             #安装组件，注意需要 sudo
opm info     agentzh/lua-resty-http             #显示组件的版本、作者等信息
opm remove   agentzh/lua-resty-http             #移除组件，同样需要 sudo

opm --install-dir=/opt   get xxx                #把组件安装到/opt 目录下
opm --cwd                get xxx                #安装到当前目录的/resty_modules 下
```

需要注意的是 opm 里组件的名字，使用的是类似 GitHub 的格式，即“作者名/组件名”，允许一个组件有多个不同的作者和版本，方便组件开发者“百家争鸣”，由用户来评估决定使用哪一个。

由于 opm 在 OpenResty 里出现的较晚（2016 年），目前库里可用的组件还不多，希望假以时日能够丰富壮大。

1.9 命令行工具

OpenResty 在 bin 目录下提供一个命令行工具 resty（注意名字不是 resty-cli），可以把它作为 Lua 语言的解释器（但运行在 OpenResty 环境里）代替标准的 Lua 5.x，写出类似 Perl、Python 那样易用的脚本，是测试/运维工程师的利器。[①]

① resty 的工作原理是启动了一个“无服务”的 Nginx 实例，禁用了 daemon 等大多数指令，也没有配置监听端口，只是在 worker 进程里用定时器让 Lua 代码在 Nginx 里执行。

使用“-e”参数可以在命令行里直接执行 Lua 代码，例如：

```
./resty -e "print('hello OpenResty')"        #执行 Lua 代码，打印一个字符串
```

这种方式只适合执行很小的代码片段，更好的方式是利用 UNIX 的“Shebang”（#!），在脚本文件里的第一行指定 resty 作为解释器，能够书写任意长度和复杂度的代码，而且更利于管理维护。

刚才的命令行用法可以改写成下面的脚本文件：[①]

```
#!/usr/local/openresty/bin/resty              -- 使用 resty 作为脚本的解释器
print('hello OpenResty')                      -- 执行 Lua 代码，打印一个字符串
```

脚本文件也支持传递命令行参数，参数存储在表 arg 里，用 arg[*N*]的方式即可访问：

```
#!/usr/local/openresty/bin/resty              -- 使用 resty 作为脚本的解释器

local n = #arg                                -- 得到参数的数量
print("args count = ", n)                     -- 打印参数的数量

for i = 1,n do                                -- 变量参数表，注意 Lua 下标从 1 开始
  print("arg ", i , ": ", arg[i])             -- 输出参数
end                                           -- 循环结束
```

使用参数执行脚本 hello.lua，结果是：

```
./hello.lua FireEmblem Heroes                 #执行 Lua 代码，带两个参数
args count = 2                                #打印参数的数量
arg 1: FireEmblem                             #输出第一个参数
arg 2: Heroes                                 #输出第二个参数
```

resty 工具还有很多选项用于配置行为，非常灵活，“-e”之外较常用的有：

- -c ：指定最大并发连接数（默认值是 64）；
- -I ：指定 Lua 库的搜索路径；
- -l ：指定加载某个 Lua 库；
- --http-conf ：定制在 http 域里的指令；
- --main-include ：定制在 main 域里的指令；
- --shdict ：定制使用的共享内存（参见 10.2 节）；
- --resolve-ipv6 ：允许解析 ipv6 的地址。

其他选项如-j、-gdb 等读者可以参考 help 或者 restydoc。

本书之后在讲解 Lua 语言和 LuaJIT 环境时均采用 resty 作为解释器执行 Lua 程序。

---

① 在某些系统上可能要使用“#!/usr/bin/env /usr/local/openresty/bin/resty”的形式。

1.10 参考手册

OpenResty 附带了非常完善的用户参考手册 restydoc，提供与 UNIX 手册 man 相同的功能，可以检索 OpenResty 里所有组件的帮助文档，包括但不限于：

- OpenResty 各个组件的介绍和用法；
- OpenResty 指令和功能接口的用法；
- Nginx 介绍、用法、基本工作原理；
- Lua/LuaJIT 语法要素。

下面示范了一些 restydoc 的用法，其中的“-s”参数用来指定搜索手册里的小节名：

```
restydoc nginx                                  #Nginx 的说明
restydoc luajit                                 #LuaJIT 的说明
restydoc opm                                    #包管理工具 opm 的说明
restydoc resty-cli                              #命令行工具 resty 的说明
restydoc ngx_echo                               #ngx_echo 组件的说明
restydoc ngx_lua                                #ngx_lua 的说明
restydoc stream_lua                             #stream_lua 的说明
restydoc lua-cjson                              #lua-cjson 的说明

restydoc -s proxy_pass                          #反向代理指令 proxy_pass 的说明
restydoc -s content_by_lua_block                #content_by_lua_block 指令的说明
restydoc -s ngx.say                             #功能接口 ngx.say 的说明
restydoc -s concat                              #Lua 函数 concat 的说明
```

对于使用 opm 安装的组件，需要使用“-r”参数指定安装目录，例如：

```
restydoc -r /usr/local/openresty/site -s lua-resty-http
```

多使用 restydoc 可以帮助我们尽快熟悉 OpenResty 开发。

1.11 性能对比

虽然 OpenResty 基于高性能的 Nginx，目前也已经有了诸多的成功应用案例，但仍然有很多人对它抱有疑虑、持观望态度。一个可能的原因是它使用了较为“小众”的脚本语言 Lua，与其他常见的开发语言相比社区很小，而且也没有大公司为之“背书”，知名度低导致不了解和偏见。但实际上，OpenResty 在开发效率和运行效率上都超过了它的竞争对手。

我们可以用实际的例子来对比验证一下 OpenResty 的运行效率，比较的对象是与 OpenResty 类似、目前较为流行的 Web 开发语言/环境：Node.js、Go、PHP 和 Python。

测试方式是各自实现一个最简单的 HTTP 服务，不做任何额外的优化调整，直接返回“Hello World”字符串（具体的程序可以在 GitHub 上找到，位于 benchmark 目录）。

各语言/环境的详细信息如下：

- OpenResty ：版本号 1.13.6.1，源码编译。
- Node.js ：版本号 4.2.6，apt-get 安装。
- Go ：版本号 1.6.2，apt-get 安装。
- PHP ：版本号 7.0.22（运行在 Apache2.4.18 上），apt-get 安装。
- Python ：版本号 2.7.12，apt-get 安装。[①]

测试环境是一个单核 Linux 虚拟机，下面的表格是使用“ab -c 100 -n 10000”（并发 100 个连接，共 10000 个请求）测试得到的结果：[②]

	OpenResty	Node.js	Go	PHP	Python
Time(seconds)	1.328	4.133	2.171	3.368	N/A
Transferred(bytes)	1750000	1130000	1290000	1790000	N/A
RPS(#/s)	7529.50	2419.58	4605.53	2969.21	N/A
TPS(ms)	13.281	41.330	21.713	33.679	N/A
Transfer rate(kb/s)	1286.78	267.00	580.19	519.03	N/A

ab 测试结果如图 1-2 所示：

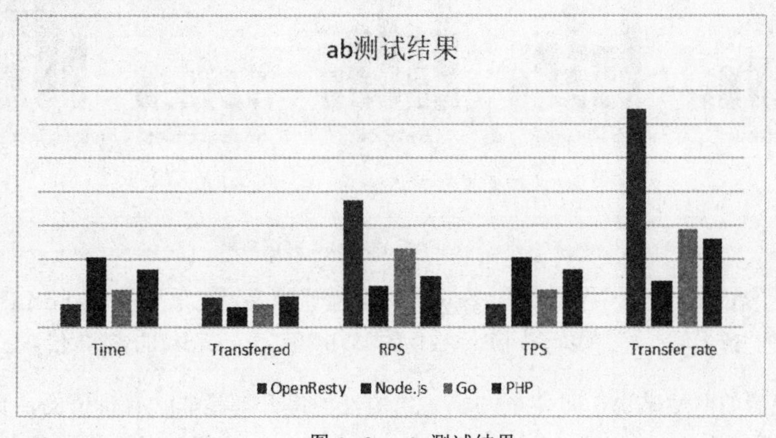

图 1-2 ab 测试结果

① 本书作者并不很擅长 Python，所以测试程序只使用了内置的、最简单的 HTTPServer，并未使用 twisted、tornado、gevent 等框架，可能有些不公平，望见谅。

② 在这次测试中 Python 发生了“Broken Pipe”错误，未能完成测试，故没有数据。

由表中的数据可见 OpenResty 的运行效率是最高的，在 RPS 指标上是 Node.js 的 3.1 倍，Go 的 1.6 倍，PHP 的 2.5 倍，远远胜出。

单使用 ab 测试可能还不足以说明问题，我们还可以使用 http_load 再运行另一个测试，参数是“-p 50 -s 5”（并发 50 个连接，持续 5 秒），测试结果如下：

	OpenResty	Node.js	Go	PHP	Python
fetches	53581	16954	29060	18167	8630
fetches/sec	10716.2	3390.8	5809.38	3633.4	1726
bytes/sec	128594	40689.6	69712.5	43600.8	20712
msecs/connect	0.0614273	0.04395150	0.03695	0.0387042	2.40234
msecs/first-response	4.14641	14.5356	8.53696	13.6824	3.97899

http_load 测试结果如图 1-3 所示：

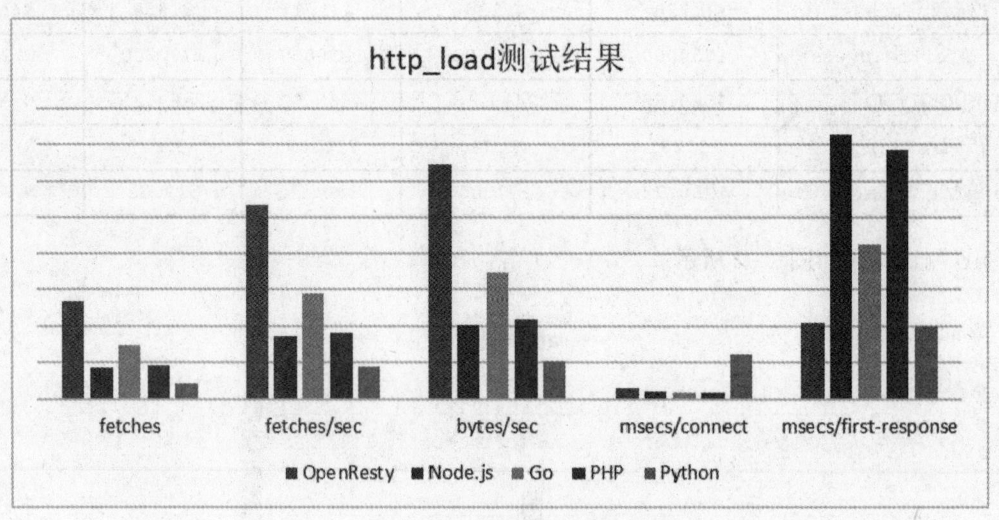

图 1-3 http_load 测试结果

毫无意外，在这次测试中 OpenResty 仍然是遥遥领先，在重要的 fetches/sec 指标上是 Node.js 的 3.2 倍，Go 的 1.8 倍，PHP 的 2.9 倍，Python 的 6.2 倍。

对于高负荷的网站来说，即使是 5%~10%的性能提升都是非常有价值的，更何况是 50%~200%。注意这还是未经优化的结果，实际上 OpenResty 还可以轻松开启多个进程服务，成倍地扩充服务能力。

相信经过这两轮测试，读者心中应该可以得到明显的结论了。

1.12 应用架构

OpenResty 功能丰富、开发简单而且性能极高，处理静态内容或动态内容都很擅长，所以在大中型应用系统中能够扮演多种角色，胜任多种工作，是不折不扣的“多面手”。

一个典型的以 OpenResty 为核心的应用系统架构如图 1-4 所示：

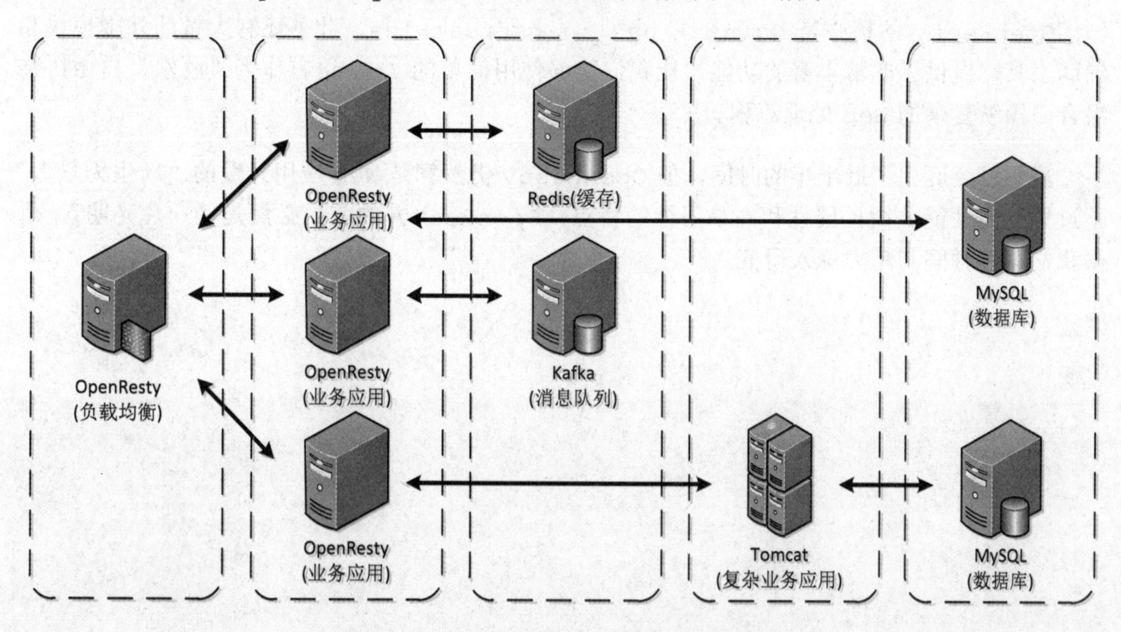

图 1-4 以 OpenResty 为核心的应用系统架构

由于 OpenResty 具有优秀的反向代理功能，以及负载均衡、内容缓冲、安全防护等高级特性，所以最常见的用法是部署在网站架构的最前端，作为流量的总入口，提高系统的整体稳定性和可靠性。

OpenResty 内嵌方便快捷的 Lua 脚本，完全能够取代 PHP、Python、Ruby 来编写应用服务，把业务逻辑跑在高性能的 Nginx 里，去掉不必要的中间环节直接操作 Redis、MySQL 等数据库，减少内部的网络消耗，节约系统资源。

如果系统里已经存在了大量其他语言实现的应用服务，改造起来有困难甚至不可行，OpenResty 也可以充当 API Gateway，以 RESTful 接口为基础聚合整理各种后端服务，并增加监控、缓存、权限控制等功能，改善系统的运行效率。

总之，OpenResty 提供了多种多样的功能，灵活可适配，我们总能够在新系统或旧系统中找到它的合适位置，发挥出它的应有价值。

1.13 总结

OpenResty 以 Nginx 为基础，集成众多设计精良的模块和工具，搭建出了完善易用的服务器开发环境，可以轻松地开发出支持超高并发的 Web 应用和动态网关，正在被越来越多的个人和公司学习和使用。

OpenResty 的核心是 Nginx + ngx_lua/stream_lua，此外还有大量的外围模块和辅助工具，提供了非常丰富的功能，让我们能够使用简单的 Lua 语言作为“胶水”自由拼装组合，操纵复杂的 Web 处理流程。

虽然已经诞生了近十年的时间，但 OpenResty 仍然算是 Web 应用开发的“新生力量”，不过凭借高性能、高扩展性和高易用性的特点，OpenResty 的前景必然是“一片光明”，值得我们花费时间和精力深入研究。

第 2 章

Nginx平台

Nginx①的首个公开版发布于 2004 年，相对于 Apache、Lighttpd、Jetty、Tomcat 等服务器"前辈"可以说是真正的"后起之秀"。它能够被 OpenResty 选定为核心运行组件，作为基础运行平台，必然有着不同于其他服务器的独到之处。

本章将简要介绍 Nginx 的特点和各种应用服务的配置方法，这是使用 OpenResty 前必备的基本知识。

2.1 简介

Nginx 是一个高性能、高稳定的轻量级 HTTP、TCP、UDP 和反向代理服务器。它运行效率高，资源消耗低，不需要很高的硬件配置就可以轻松地处理上万的并发请求，是当今 Web 服务器中的佼佼者，被国内外许多知名网站所采用。

Nginx 最突出的特点是卓越的性能。它采用事件驱动，不使用传统的进程或线程服务器模型，没有进程或线程切换时的成本，并且有针对性地对操作系统进行了特别优化，能够无阻塞地处理 10K 乃至 100K 的海量连接。

Nginx 的另一大特点是高度的稳定性。Nginx 内部结构设计非常精妙，内存池避免了常见的资源泄漏，模块化的架构使得各个功能模块完全解耦，消除了相互间可能造成的不良影响，而独特的进程池机制则实现了自我监控和管理，保证即使服务发生严重错误也可以快速恢复。在实际应用中，Nginx 服务器一经启动，就可以稳定地运行数天甚至数月之久。

在高性能和高稳定之外，Nginx 还能够运行在多种操作系统上，安装和配置都很容易，

① Nginx 的正确发音是"engine eks"，不过也可以像 UNIX/Linux 那样称它为"engine ks"。

可以灵活组合数量庞大的功能模块，实现策略限速/分流、负载均衡、安全防护、定制日志、平滑升级、热部署等许多重要的运维功能。

正是因为 Nginx 有着如此之多的优点，它才能够在与 Apache、Lighttpd 等的“竞争”中脱颖而出，获得 OpenResty 的“青睐”，成为了 OpenResty 的核心运行平台。

2.2 进程模型

Nginx 采用了 master/workers 进程池机制，这是它能够稳定运行的保证，也是理解 OpenResty 运行机制的要点。

通常情况下，Nginx 会启动一个 master 进程和多个 worker 进程。master 进程又称监控进程，它并不处理具体的 TCP/HTTP 请求，只负责管理和监控 worker 进程。多个 worker 进程从属于 master 进程，构成一个“池”，真正对外提供 Web 服务，执行主要的业务逻辑，可以充分利用多核 CPU 高效率地处理 HTTP/TCP 请求。

Nginx 的进程模型如图 2-1 所示：

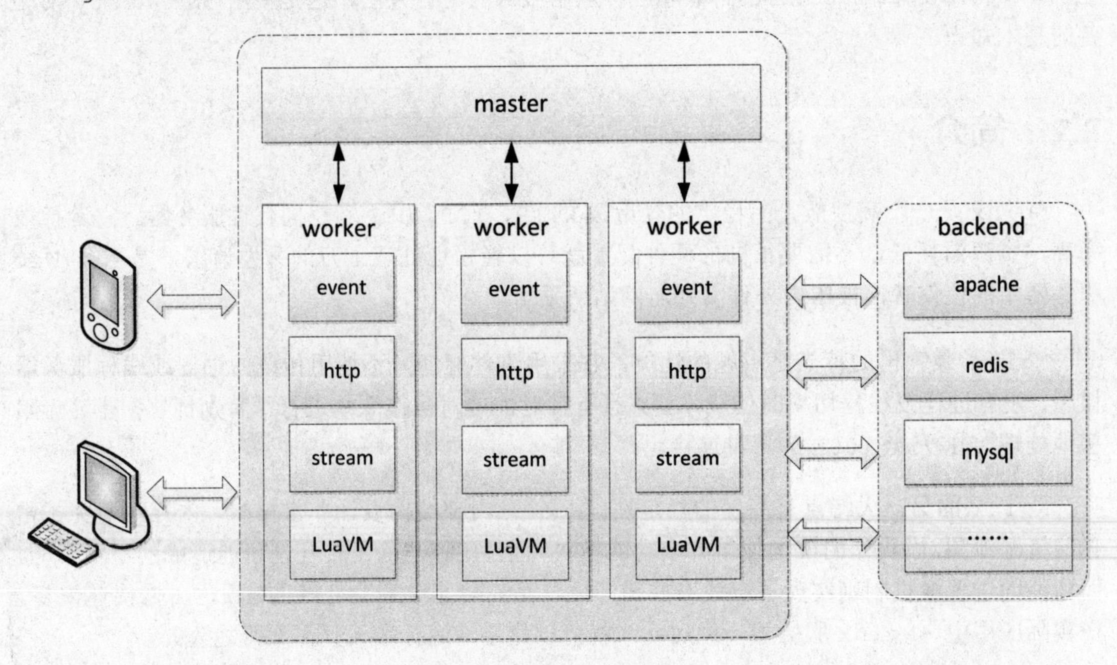

图 2-1 Nginx 的进程模型

使用 Linux 的 ps 命令配合 grep 可以看到 OpenResty 启动的 Nginx 进程，也可以验证 OpenResty 是否正常运行：

```
ps aux|grep nginx
root      16985 nginx: master process /usr/local/openresty/bin/openresty
nobody    16986 nginx: worker process
```

从ps的输出我们可以看到当前共有两个Nginx进程，其中进程号为16985的是master进程，而16986号进程则是worker进程。

2.3 配置文件

在OpenResty里，Nginx配置文件不仅定义了服务的基本运行参数（进程数量、运行日志、优化调整等），还定义了Web服务的接口和功能实现，只有熟悉配置文件才能维护好OpenResty。

Nginx的配置文件使用了自定义的一套语法，规则严谨而简洁，完全可以把它理解成一个小型的编程语言，要点简略叙述如下：

- 与Shell/Perl相同，使用#开始一个注释行；
- 使用单引号或者双引号来定义字符串，允许用“\”转义字符；
- 使用$*var*可以引用预定义的一些变量；
- 配置指令以分号结束，可以接受多个参数，用空白字符分隔；
- 配置块（block）是特殊的配置指令，它有一个{}参数且无须分号结束，{}里面可以书写多个配置指令，配置块也允许嵌套；
- 使用“include”指令可以包含其他配置文件，支持“*”通配符；
- 不能识别或错误的配置指令会导致Nginx启动失败。

下面列出OpenResty自带的配置文件片段，部分较重要的配置指令用黑体表示：

```
worker_processes  1;                    #设置worker进程的数量为1

events {                                #events块，使用的事件机制
  worker_connections  1024;             #单个worker的最大连接数
}                                       #events块结束

http {                                  #定义HTTP服务
  server {                              #server块，定义一个Web服务
    listen        80;                   #服务使用的是80端口
    server_name   localhost;            #HTTP服务对应的域名

    location / {                        #location块，定义匹配的URI
        ...
    }                                   #location块结束
```

```
    }                                              #server 块结束
  }                                                #http 块结束
```

这个配置文件片段的第一行是配置指令 worker_processes，要求 Nginx 启动一个 worker 进程，我们在实际应用时应当根据 CPU 数量适当调整，以最大化 Nginx 的性能。

events 块里面只有一个 worker_connections 指令，确定每个 worker 进程可以处理的最大连接数，它与 worker_processes 指令共同确定了 Nginx 的服务能力，也就是能够支持的最大并发连接数（即 worker_processes*worker_connections）。

http 块是我们在开发 OpenResty 应用时最需要关注的，它定义了对外提供的 Web 服务和功能接口，示例里是一个监听标准 80 端口的服务，详细解说可参见 2.5 节。

2.4 变量

“变量”是 Nginx 内部保存的运行时 HTTP/TCP 请求相关数据，可以在编写配置文件时任意引用，使得编写 Nginx 配置文件更像是编写程序（但注意不要与编程语言里的变量概念混淆，两者是完全不同的）。

在配置文件里使用变量需要以“$”开头，例如$request_method、$args、$uri 等（这与 Shell 和 Perl 是一样的）。变量的用法很多，例如记录访问日志，设置反向代理的参数，或者传递给 Lua 程序获取各种运行时信息。

以下列举了几个在 HTTP 服务里较常见的变量：

- $uri ：当前请求的 URI，但不含“？”后的参数；
- $args ：当前请求的参数，即“？”后的字符串；
- $arg_*xxx* ：当前请求里的某个参数，“arg_”后是参数的名字；
- $http_*xxx* ：当前请求里的 *xxx* 头部对应的值；
- $sent_http_*xxx* ：返回给客户端的响应头部对应的值；
- $remote_addr ：客户端 IP 地址。

如果执行下面的 curl 命令：

```
curl 'http://localhost/index.html?a=1&b=2' -H 'hello: world'
```

那么这些变量的值就是：

```
$uri                = /index.html
$args               = a=1&b=2
$arg_a              = 1
```

```
$arg_b                  = 2
$http_hello             = world
$sent_http_server       = openresty/1.13.6.2
$remote_addr            = 127.0.0.1
```

Nginx 内置的变量非常多，详细的列表可以参考 Nginx 官网文档。此外，Nginx 也允许使用指令自定义变量，最常用的就是 set，例如：

```
set $max_size          10000;                   #定义变量$max_size="10000"
```

2.5 HTTP 服务

配置 HTTP 相关的功能需要使用指令 http{}，定义 OpenResty 里对外提供的 HTTP 服务，通常的形式是：

```
http {                                          #http 块开始，所有的 HTTP 相关功能

  server {                                      #server 块，第一个 Web 服务
      listen 80;                                #监听 80 端口

      location uri {                            #location 块，需指定 URI
          ...                                   #定义访问此 URI 时的具体行为
      }                                         #location 块结束
  }                                             #server 块结束

  server {                                      #server 块，第二个 Web 服务
      listen xxx;                               #监听 xxx 端口
      ...                                       #其他 location 定义
  }                                             #server 块结束
}                                               #http 块结束
```

由于 http 块内容太多，如果都写在一个文件里可能会造成配置文件过度庞大，难以维护。在实践中我们通常把 server、location 等配置分离到单独的文件，再利用 include 指令包含进来，这样就可以很好地降低配置文件的复杂度。

使用 include 后 http 块就简化成了：

```
http {                                          #http 配置块开始，所有的 HTTP 相关功能

  include common.conf                           #基本的 HTTP 配置文件，配置通用参数

  include servers/*.conf                        #包含 servers 目录下所有 Web 服务配置文件
}                                               #http 配置块结束
```

2.5.1 server 配置

server 指令在 http 块内定义一个 Web 服务，它必须是一个配置块，在块内部再用其他指令来确定 Web 服务的端口、域名、URI 处理等更多细节。

```
listen port;
```

listen 指令使用 port 参数设置 Web 服务监听的端口，默认是 80。此外还可以添加其他很多参数，例如 IP 地址、SSL、HTTP/2 支持等。

```
server_name name ...;
```

server_name 指令设置 Web 服务的域名，允许使用“*”通配符或“~”开头的正则表达式。例如“www.openresty.org”“*.openresty.org”。当 OpenResty 处理请求时将会检查 HTTP 头部的 Host 字段，只有与 server_name 匹配的 server 块才会真正提供服务。

对于我们自己的开发研究来说，可以直接使用 localhost 或者简单的通配符*.*，用类似“curl http://localhost/...”这样的命令就能够访问 OpenResty。

2.5.2 location 配置

location 指令定义 Web 服务的接口（相当于 RESTful 里的 API），也就是 URI，它是 OpenResty 处理的入口，决定了请求应该如何处理。

location 是一个配置块，但语法稍多一些，除{}外还有其他的参数：

```
location [ = | ~ | ~* | ^~ ] uri { ... }
```

location 使用 uri 参数匹配 HTTP 请求里的 URI，默认是前缀匹配，也支持正则表达式，uri 参数前可以使用特殊标记进一步限定匹配：

- = ：URI 必须完全匹配；
- ~ ：大小写敏感匹配；
- ~* ：大小写不敏感匹配；
- ^~ ：前缀匹配，匹配 URI 的前半部分即可。

在 server 块里可以配置任意数量的 location 块，定义 Web 服务接口。Nginx 对 location 的顺序没有特殊要求，并不是按照配置文件里的顺序逐个查找匹配，而是对所有可能的匹配进行排序，查找最佳匹配的 location。

不同的 location 里可以有不同的处理方式，灵活设置 location 能够让 OpenResty

配置清晰明了，易于维护。比如，我们可以在一个 location 里存放静态 html 文件，在另一个 location 里存放图片文件，其他的 location 则执行 Lua 程序访问 MySQL 数据库处理动态业务，这些 location 互不干扰，修改其中的一个不会影响其他的正常运行。例如：

```
location =   /502.html              #只处理/502.html这一个文件
location     /item/                 #前缀匹配/item/*
location ^~  /image/                #显式前缀匹配/image/*
location ~   /articles/(\d+)$       #正则匹配/articles/*
location ~   /api/(\w+)             #定义RESTful接口
location     /                      #匹配任意的URI
```

需要注意最后一个“/”，根据前缀匹配规则，它能够匹配任意的 URI，所以可以把它作为一个“黑洞”，处理所有其他 location 不能处理的请求（例如返回 404）。

如果 location 配置很多，我们同样可以用 include 的方式来简化配置。

2.6 TCP/UDP 服务

配置 TCP/UDP 相关的功能需要使用指令 stream{}，形式与 http 块非常类似，例如：

```
stream {                                  #stream块开始，TCP/UDP相关功能

  server {                                #server块，第一个Web服务
     listen 53;                           #监听TCP 53端口
     ...
  }                                       #server块结束

  server {                                #server块，第二个Web服务
     listen 520 udp;                      #监听UDP 520端口
     ...
  }                                       #server块结束
}                                         #stream块结束
```

定义 TCP/UDP 服务同样需要使用 server 指令，然后再用 listen 指令确定服务使用的具体端口号。但因为 TCP/UDP 协议里没有“Host”“URI”的概念，所以 server 块里不能使用 server_name 和 location 指令，这是与 HTTP 服务明显不同的地方，需要注意。

2.7 反向代理

反向代理（Reverse Proxy）是现今网络中一种非常重要的技术，它位于客户端和真正的服务器（即所谓的后端）之间，接受客户端的请求并转发给后端，然后把后端的处理结果返

回给客户端。从客户端的角度来看，访问反向代理和真正的后端服务器两者没有任何区别。

反向代理的网络结构如图 2-2 所示：

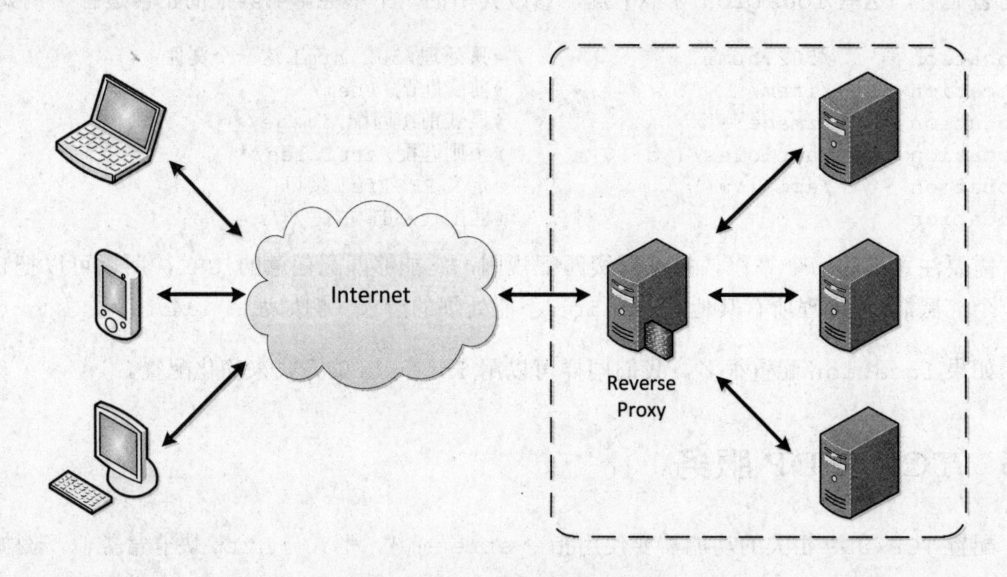

图 2-2 反向代理的网络结构

由于反向代理在客户端和服务器之间加入了中间层，可以执行复杂的逻辑，所以它有很多的用途，例如：

- 负载均衡　：最常用的功能，均衡多个后端服务器的访问请求，实现服务集群化；
- 安全防护　：使用 WAF 等工具防御网络入侵，保护后端服务器；
- 内容缓存　：缓存上下行数据，减轻后端服务器的压力；
- 数据加密　：加密验证外部通信过程，而内部服务器之间没有加密成本。

Nginx 提供了优秀的反向代理功能，不仅支持 HTTP 反向代理，也支持 TCP/UDP 反向代理，非常适合用在网络的核心位置担当“中流砥柱”的重任。[①]

2.7.1 上游集群

upstream 块定义了在反向代理时需要访问的后端服务器集群和负载均衡策略（在 Nginx 里术语“upstream”代替了“backend”），可以在 http{}或 stream{}里配置。

① 著名的 LVS（Linux Virtual Server）也是一种反向代理，但与 Nginx 不同的是它集成在 Linux 内核里，工作在网络四层以下，而且只能用于负载均衡。

upstream 块的基本形式是：

```
upstream backend {                          #upstream 需要有一个名字
    least_conn;                             #负载均衡策略
    server 127.0.0.1:80;                    #一台上游服务器
    server ... weight=3;                    #可以指定多台上游服务器
    server ... backup;                      #备份用的上游服务器

    keepalive 32;                           #使用连接池，长连接复用

}
```

upstream 块的配置比较简单，主要使用 server 指令列出上游的服务器域名或 IP 地址，还可以用 weight/max_fails/down/backup 等附加参数来进一步描述这些服务器的状态。least_conn 指令确定了集群里服务器的负载均衡策略，类似的还有 hash、ip_hash 等。如果不给出明确的策略，Nginx 就使用简单的加权轮询（round robin）。

2.7.2 代理转发

在使用 upstream 配置了上游集群后，我们需要在 location（http）或 server（stream）里用“proxy_pass”等指令把客户端的请求转发到后端，由 Nginx 根据负载均衡算法选择一台恰当的服务器提供服务，例如：

```
location /passto {                          #一个转发的 location
    proxy_set_header Host $host;            #使用变量转发原始请求的 host 头部
    proxy_pass http://backend;              #转发到 upstream 块定义的服务器集群
}
```

Nginx 代理转发相关的指令比较多，用来应对各种复杂的场景，proxy_pass 只是其中最基本的一个（转发 HTTP/HTTPS 服务），其他的还有 fastcgi_pass、memcached_pass 等，篇幅所限这里就不详细解说了，读者可参考 Nginx 文档。

2.8 运行日志

日志是 Web 服务器非常重要的数字资产，它记录了服务器运行期间的各种信息，可用于数据分析或者排查故障。

Nginx 的运行日志分为两种：记录 HTTP/TCP 访问请求的 access_log 和记录服务器各种错误信息的 error_log。

2.8.1 访问日志

访问日志保存了所有连接到服务器的客户端访问记录，在访问日志里可以记录每次请求的 IP 地址、URI、连接时间、收发字节数等许多信息。大多数网站会定期收集访问日志，然后使用大数据平台进行加工处理，进而调整优化服务。

在 Nginx 里需要用两个指令来设定访问日志：

log_format *name* *format_string*;

access_log *path* [format [buffer=size] [flush=time]];

log_format 指令定义日志的格式，格式字符串里可以使用变量（见 2.4 节）来任意记录所需的信息，之后就可以用 access_log 指令决定日志的存储位置和格式。为了优化磁盘读写，可以设置 buffer 和 flush 选项，指定写磁盘的缓冲区大小和刷新时间。

例如，下面的配置使用了 8KB 的缓存，每 1 秒刷新一次，使用格式 main：

```
log_format  main  '$remote_addr ... ';
access_log /var/logs/openresty/access.log main buffer=8k flush=1s;
```

2.8.2 错误日志

当 Nginx 运行发生异常时（例如拒绝访问、缓冲区不足、后端不可用等）就会记录错误日志。错误日志的格式不能自定义，存放位置由 error_log 指令确定：

error_log *file* *level*;

默认的日志存放位置是安装目录下的 logs/error.log。我们也可以用参数 file 改为其他路径。第二个参数 level 是日志的允许输出级别，取值是“debug|info|notice|warn|error|crit|alert|emerg”，只有高于这个级别的日志才会记录下来，默认值是 error。

对于我们开发 OpenResty 应用来说 error_log 非常重要，优化系统、排查问题的时候首先要做的事情就是查看 error_log。

2.9 总结

Nginx 是 OpenResty 最基本的核心组成部分，本章首先介绍了 Nginx 的特点和进程模型，然后简要阐述了 Nginx 的配置文件格式和各种应用服务的配置方法。

Nginx 是一个高性能高稳定的服务器软件，运行效率高，资源消耗低，可以轻松地处理上万甚至百万的并发请求。模块化的架构让它具有良好的扩展性，可以任意组合功能模块实现策略限速、负载均衡、安全防护等功能。OpenResty 选择 Nginx 作为运行平台，正是“站在了巨人的肩膀上”。

Nginx 采用独特的 master/workers 进程池机制。master 进程管理和监控 worker 进程，worker 进程真正对外提供 Web 服务。这种机制保证了服务的稳定运行，也能够充分利用多核心的 CPU，轻易扩充服务能力。

Nginx 使用配置文件定义对外提供的服务，支持 HTTP/TCP/UDP 等多种通信协议，语法很类似其他的编程语言。HTTP 服务需要使用 http{}，里面再使用 server/listen/location 等指令定义服务的具体细节。TCP/UDP 服务使用 stream{}，与 HTTP 服务不同的是没有 location 概念。当 Nginx 用作反向代理时需要使用指令 upstream 定义后端集群和负载均衡策略，再配合 proxy_pass、fastcgi_pass 等指令实现高效的代理转发。

Nginx 提供了 access_log 和 error_log 两种运行日志，可以灵活配置格式和存放位置，方便我们进行数据分析、性能优化或者故障排查。

Nginx 的功能非常强大，本章的内容仅仅是“冰山之一角”，篇幅所限不可能完整介绍所有的配置选项，有的重要功能例如缓存、重定向、访问控制、CPU 绑定等都没有涉及，请读者及时参考 restydoc、Nginx 官网或者其他资料。

第 3 章

Lua语言

Lua 是一种动态脚本语言，它的创造者是巴西里约天主教大学 TeCGraf 实验室里的三名成员，其前身是一个名为 Sol 的语言。“Sol”这个词在葡萄牙语（巴西官方语言）里是太阳的意思，而“Lua”的意思就是月亮。[①]

虽然没有 JavaScript、PHP、Python、Ruby 等其他语言的名气大，但 Lua 凭借着自身的独特定位，已经在很多领域确实地获得了成功。知名的应用有 Adobe Lightroom、Firefox、Redis 等，而游戏则有《魔兽世界》《愤怒的小鸟》《我的世界》等。

Lua 是 OpenResty 的工作语言，所以学习 OpenResty 开发必须要先熟悉掌握 Lua，本章将详细讲解它的语法及标准库。

3.1 简介

Lua 语言最初的设计目标是要能够嵌入到其他应用程序里，所以它天生就非常“轻量级”，语法简洁优雅，很容易学习，任何一个有初级编程经验的人都可以在几天之内完全掌握并投入实际开发工作。

但“轻量级”并不意味着劣化，比起其他脚本语言来说 Lua 的功能也毫不逊色，该有的特性都有，而且表（table）结构十分灵活，能够模拟出其他语言里的数组、集合、字典、类、名字空间等特性，此外还提供闭包（closure）支持函数式编程，提供协程（coroutine）支持并发编程，功能非常丰富。

Lua 语言小巧紧凑，本身只有一个精简的核心和最基本的库，所以代码的执行效率非常高，是所有脚本语言中速度最快的，这也使得它易于被移植或嵌入到各种软硬件平台，实现脚本化

---

① Sol 语言实际上来自于“Simple Object Language”的首字母缩写。

的扩展和定制功能，实用性很强。OpenResty 选中它正是看中了这个特性。

目前 Lua 语言有 5.1、5.2 和 5.3 三个主要的版本，版本之间有一些语法上的差异，不完全兼容。OpenResty 使用的是 Lua 5.1+LuaJIT 扩展，本章简要介绍 Lua 5.1，第 4 章研究 LuaJIT 的扩展功能。①

3.2 注释

Lua 的注释语法比较特别，与 Shell 家族的 Perl、Python 或 C 家族的 C++、Java 都不同，使用的不是常见的“#”或者“//”，而是连续的两个“-”，也就是“--”。

单行注释使用简单的“--”即可，例如：

```
-- this is a comment
-- 当然也可以使用中文注释

print("hello lua")                    -- 行尾注释
```

多行注释使用“--[[...]]”的形式：

```
--[[                                  -- 多行注释开始
多行注释，非常方便                    -- 里面可以包含单行注释
可以很容易地注释掉大段的代码，或者书写说明文字
]]                                    -- 多行注释结束
```

在书写多行注释的时候还可以在“[[”和“]]”的括号中间插入若干个“=”，标记不同的注释层次，这在代码里也含有“[[”或“]]”时特别有用，例如：

```
--[==[                                -- 特殊多行注释开始，加入了两个等号
[[测试多行注释的特殊语法]]            -- 里面可以包含普通的多行注释
]==]                                  -- 特殊多行注释结束，等号数量必须匹配
```

3.3 数据类型

Lua 语言提供六种基本的数据类型：

- nil ：表示不存在的空对象或无效值，类似 Python 的 None；
- boolean ：布尔类型，取值为 true 或 false；

① 篇幅所限本书只能择要介绍 Lua 语言里基本的部分，不可能面面俱到，请参考 http://www.lua.org/manual/5.1/manual.html，另有一个较全面的中文网站 http://book.luaer.cn/。

- number ：数字类型，不区分整数和浮点数；[①]
- string ：字符串类型，参见 3.4 节；
- function ：函数类型，参见 3.8 节；
- table ：表类型，非常灵活的数据结构，参见 3.9 节。

使用函数 type() 可以测试变量的类型，它以字符串的形式返回类型的名字，例如：

```
print(type(nil))                -- nil
print(type(true))               -- boolean
print(type(42))                 -- number
print(type(2.718))              -- number
print(type("metroid"))          -- string
print(type(print))              -- function（print 是 Lua 标准库里的一个函数）
print(type(table))              -- table（table 是 Lua 标准库里的一个表）
```

虽然变量是有类型的，但因为 Lua 是动态语言，所以声明变量并不需要显式地写出类型，变量也可以存储任意类型的值：

```
x = 2018                        -- 变量的类型是 number
x = "lua"                       -- 变量的类型变为 string
x = nil                         -- 变量的类型变为 nil
```

3.4 字符串

Lua 可以高效地处理字符串，几 KB 或者几 MB 的长字符串也不会对效率造成影响，可以放心地使用字符串存储大块的数据。

定义

Lua 的字符串形式非常灵活，单引号或者双引号都可以，字符串里也允许使用转义符：

```
print('openresty')              -- 单引号形式的字符串
print("It's OK")                -- 双引号形式的字符串，里面可以包含单引号
print("lua\tnginx")             -- 使用转义字符\t
```

Lua 还用“[[...]]”的形式支持 raw string，括号内的字符不会转义，在写正则表达式或者字符串里有引号、斜线的时候非常方便：

```
print([[raw string \r\n]])      -- 字符串里的\r\n 等不会被转义
print([[^\d+.\d+$]])            -- 直接是字符串的“原始形态”
print([["",'',""]])             -- 引号无须转义
```

---

① 这是 Lua 5.1 和 5.2 的语法，Lua 5.3 引入了整数类型，并支持了位运算。

与多行注释类似，“[[...]]”的形式也支持在括号中间插入“=”，而且如果“[[”后面是一个换行，那么 Lua 会自动忽略这个换行，在书写大量文字时是个非常方便的特性：

```
x = [=[                          -- 这里的换行符不会包含在字符串里
[[no \r\n, just one line]]       -- 但这里的换行符属于字符串！
]=]                              -- 字符串定义结束，等号数量必须匹配
```

特点

Lua 里的字符串更准确地说应该是“字节序列”，不仅可以包含可见字符，还能够包含任意的二进制数据。

Lua 字符串的另外一个特点是只读的，字符串对象一旦创建出来后就不能再做修改，如果要变动字符串（比如更改里面的某些字符）就只能用其他方式生成一个新的拷贝。

Lua 语言在内部使用一个全局散列表来管理所有的字符串，所以多个相同的字符串不会占用多份内存，而且字符串的相等比较成本很低，不需要逐个检查里面的字符，而是直接比较两者的散列值。

3.5 变量

Lua 语言里的变量有作用域的概念，分为局部变量和全局变量，名字区分大小写。

局部变量需要使用关键字“local”声明，作用域仅限本代码块（文件内或语句块内），没有关键字“local”声明的变量都是全局变量，而且不需要声明就可以直接使用：

```
x = 1                            -- 使用一个全局变量 x，赋值为 1，全局可见
local str = 'matrix'             -- 使用一个局部变量 str，仅此文件内可见

do                               -- 开始一个代码块
   local pi = 3.14               -- 局部变量 pi，仅在此代码块内可见
end                              -- 代码块结束

print(type(pi))                  -- 局部变量 pi 消失，访问的是全局变量 pi
```

变量如果没有显式赋值，那么它的值就是 nil，所以代码的最后一行会输出“nil”。

在 Lua 里应当尽量少使用全局变量，多使用局部变量。局部变量不仅很好地控制了变量的作用域，避免全局名字冲突，而且因为“局部化”，解释器查找的速度也更快。①

① 实际上 Lua 全局变量存放在一个名为“_G”的表里。

一个比较常用的全局变量是："_"（下画线，也是合法的变量名），通常当作"占位符"，在不想专门起名来保存某些值时就可以使用"_"来暂存并忽略。

Lua 语言里没有"常量"，实践中我们通常用全大写名字的变量来表示常量，例如：

```
local MAX_COUNT = 1000              -- 全大写的变量，提醒开发者应该当作常量来使用
```

3.6 运算

Lua 里的运算有算术运算、关系运算、逻辑运算、字符串运算等。

3.6.1 算术运算

Lua 的算术运算包括基本的加减乘除，取模运算使用"%"，幂运算使用"^"：

```
print(1 + 1, ",", 5 - 3)            -- 加减法运算，输出 2,2
print(2 * 4, ",", 1 / 3)            -- 乘除法运算，输出 8,0.33333333333333
print(5 % 2, ",", 3 ^ 3)            -- 取模和幂运算，输出 1,27
```

算术运算时可以混用字符串类型，Lua 会自动把字符串转换为数字，但如果含有非数字字符无法转换就会出错，所以最好不要混用。

Lua 不提供其他语言里的递增和递减操作符（可能的原因是"--"已经被用作注释语法了），递增递减操作只能使用标准的赋值形式，例如：

```
count = 10                          -- 一个整数变量
count = count + 1                   -- 加 1 后赋值，相当于++count
```

3.6.2 关系运算

Lua 的关系运算符与其他语言基本相同，如">""">=""<""<=""=="，但不等比较使用的是"~="，需要特别注意：

```
print(3.14 > 2.718)                 -- 大于关系
print(1/3 == 2/6)                   -- 等于关系
print('10' ~= 10)                   -- 不等关系，注意运算符是"~="，不是"!="
```

在执行大于或小于比较操作时 Lua 会检查变量的类型，如果类型不同就会出错，例如：

```
print(1 > "0")                      -- 报错，无法执行
```

但"=="和"~="的行为则不同，如果类型不同会直接返回 false。

实际开发中比较常见的情况是比较字符串形式的数字，为了避免发生意外，必须用函数

tonumber()/tostring()显式转换数字或字符串后再做比较运算，例如：

```
print(1 > tonumber('0'))          -- 大于比较，使用 tonumber()后正常
print('10' == 10)                 -- 比较的类型不同，结果为 false
print(tonumber('10') == 10)       -- 等于关系，结果为 true
```

3.6.3 逻辑运算

Lua 的逻辑运算符有 and、or 和 not 三个，但运算规则有些特殊：

- nil 和 false 认为是假，其他都是真，包括数字 0；
- x and y，如果 x 是真，返回 y，否则返回 x；
- x or y， 与 and 操作正好相反，如果 x 是真，返回 x，否则返回 y；
- not x，只返回 true/false，对 x 取反。

对于 C 程序员来说第一条规则需要特别注意，因为在 C 语言里 0 是假，和 false 等价，但在 Lua 语言里 0 是真，nil 和 false 等价，在书写条件判断代码时必须小心。

下面的代码示范了 Lua 里的逻辑运算：

```
print(0 and 'abc')                -- 0 是真，所以返回字符串'abc'
print(x or 100)                   -- x 是全局变量，值是 nil，返回 100
print(not x)                      -- x 是全局变量，值是 nil，返回 true
```

利用 Lua 逻辑运算的特性可以实现非常灵活的赋值功能：

```
local x = count or 100            -- 为 x 赋初值，count 不存在则默认值是 100
local y = a and b or c            -- 相当于 a?b:c，由 a 的真假决定赋值 b 或 c
```

3.6.4 字符串运算

Lua 对字符串连接操作提供了一个特别的运算符“..”：

```
print('hello'..' '..'world')      -- 连接多个字符串
```

连接运算还可以自动把数字转换为字符串，无须显式调用 tostring()函数：

```
print("room number is " .. 313) -- 可以直接连接数字，无须转换
```

虽然 Lua 可以高效地处理字符串，但字符串连接操作应当尽量少用，因为每一次字符串连接就会创建一个新的字符串对象，如果多次操作超长字符串（例如几十 MB 的大块数据）就可能会导致 LuaVM 内存耗尽，发生错误。

计算字符串的长度可以用另一个特别的运算符“#”：

```
print(#'openresty')                   -- 计算字符串长度，输出 9
```

字符串的关系运算基于字符序（例如最常用的 ASCII 码表）逐个检查，但相等比较是直接计算内部保存的散列值，速度很快（见 3.4 节）：

```
print("a" < "b")                      -- 结果为 true，字符序检查
print("zero" > "0")                   -- 结果为 true，字符序检查
print("abc" == "abc")                 -- 结果为 true，比较的是内部散列值
```

3.6.5 注意事项

在运算时我们需要注意操作数是 nil 的情形，很多时候对 nil 运算都会导致错误，例如：

```
x = nil                               -- x 的值是 nil
print(1 + x)                          -- 出错，无法执行加法运算
print("msg is "..x)                   -- 出错，无法执行连接运算
```

如果一个变量可能是 nil，最好使用 or 运算给它一个默认值：

```
print(1 + (x or 2))                   -- 正常，x 不存在则使用 2 执行加法运算
print("msg is ".. (x or "-"))         -- 正常，x 不存在则使用"-"执行连接运算
```

3.7 控制语句

Lua 里的语句包括赋值语句、分支语句和循环语句。

Lua 语句的格式非常自由，不强制要求缩进。语句末尾可以使用“;”表示结束，但不是必需的，实际编写代码时通常都省略。

3.7.1 语句块

使用“do ... end”的形式就声明了一个语句（代码）块，里面可以包含任意多条语句，相当于 C/Java 里的花括号复合语句，例如：

```
do                                    -- 开始一个语句块
   local x = 10                       -- 一个局部变量，仅本块内有效
   print("x = ", x)                   -- 输出变量的值
end                                   -- 语句块结束
```

注意在语句块里声明的 local 变量仅在语句块内有效。

3.7.2 赋值语句

赋值语句是编程语言最基本的语句，Lua 使用“=”在变量里存储一个确定类型的值。

除了最基本的形式，Lua 还允许用逗号分隔，在一个语句里声明或赋值多个变量，这是个非常便利的特性：

```
local data, err                      -- 声明了两个局部变量，未赋值，默认都是 nil
local a, b = 1, 'lua'                -- a、b 分别赋值为数字 1 和字符串'lua'
local x, y = a, b, 'not_used'        -- x、y 分别赋值为 a 和 b，第三个字符串未使用
local m, n = "only this"             -- m 被赋值为字符串，n 没有被赋值，所以是 nil
```

如果给一个变量赋值为 nil，就表示删除了这个变量：

```
foo = nil                            -- 删除变量
```

3.7.3 分支语句

Lua 的分支语句只有一种，就是 if-else，基本形式是：

```
if conditions then                   -- 条件判断
  ...                                -- 执行语句
end                                  -- 语句结束

if conditions then                   -- 条件判断
  ...                                -- 执行语句
else                                 -- 判断条件不满足进入这里
  ...                                -- 执行语句
end                                  -- 语句结束
```

if-else 语句的示例如下：

```
if x then                            -- 判断是否是 false 或 nil
   print("x is not nil")             -- x 存在且不是 false
else
   print("x is nil")                 -- x 不存在或者是 false
end                                  -- 语句结束
```

多重分支需要使用“elseif”，可以用来实现其他语言里的 switch-case 功能：[①]

```
if conditions then                   -- 条件判断
  ...                                -- 执行语句
elseif conditions then               -- 其他条件判断
  ...                                -- 执行语句
else                                 -- 判断条件都不满足进入这里
  ...                                -- 执行语句
end                                  -- 语句结束
```

① 作者不建议过多地使用 else/elseif，它增加了代码的逻辑分支和缩进层次，导致难以维护代码。

需要注意的是 else-if 语句的写法，不是 C 里的“else if”或者 Python 里的“elif”，而是“elseif”（中间没有空格）。

3.7.4 循环语句

Lua 语言的循环语句有 while、repeat-until 和 for 三种。

while

Lua 的 while 循环与 C 的 while 类似，当条件成立时执行后面的语句块，形式是：

```
while conditions do                -- while 循环语句开始，条件成立时执行循环体
  ...                              -- 执行语句
end                                -- while 循环语句结束
```

下面的代码示范了 while 循环：

```
local x = 3                        -- 一个局部变量
while x > 0 do                     -- while 循环语句开始，条件是 x>0
  print("while")                   -- 打印一个字符串
  x = x - 1                        -- 变量 x 递减，最终变为 0
end                                -- while 循环语句结束
```

repeat-until

repeat-until 循环与 while 差不多，但条件判断与 while 意义是相反的，当条件成立时退出循环，形式是：

```
repeat                             -- repeat-until 循环语句开始
  ...                              -- 执行语句
until conditions                   -- repeat-until 循环结束，条件成立时退出循环体
```

把刚才的 while 循环改成 repeat-until 的代码如下：

```
repeat                             -- repeat-until 循环语句开始
  print("repeat-until")            -- 打印一个字符串
  x = x - 1                        -- 变量 x 递减，最终变为 0
until x<=0                         -- repeat-until 循环结束，条件与 while 相反
```

for

Lua 的 for 循环语句有两种形式：数值循环和范围循环，这里先介绍前者，后者将在 3.9 节讲解。

for 的数值循环类似其他语言的标准 for 语句，但形式上要简洁一些：

```
for var=m,n,step do                   -- for 循环语句开始
  ...                                 -- 执行语句
end                                   -- for 循环语句结束
```

语句的含义是：变量 var 从 m 前进（或后退）到 n，执行循环体里的语句，参数 step 是用于控制 var 前进或后退的步长，可以省略，默认是 1。

for 循环里的变量 var 会自动声明为局部变量（虽然没有使用 local 关键字），而且仅在 for 语句里有效。例如：

```
for i=1,5 do                          -- for 循环语句开始，从 1 到 5
   print("for : ", i)                 -- 输出数字
end                                   -- for 循环语句结束
assert(not i)                         -- for 里的 i 是局部变量，循环外自动失效

for i=1,10,2 do                       -- for 循环语句开始，从 1 到 10，步长为 2
   print("for : ", i)                 -- 输出数字
end                                   -- for 循环语句结束
```

break/return

在 while、repeat-until 和 for 循环语句里可以用 break 或者 return 直接跳出循环，用法与其他语言相同，但必须在语句块的最后——也就是后面紧跟着 end/until 关键字。如果想要在任意的位置结束循环，可以使用“do break end”的形式。例如：

```
for i=10,1,-1 do                      -- for 循环语句开始，注意步长是-1
   if i < 7 then                      -- if 语句检查 i 的值
      print("countdown ok")
      break                           -- 满足条件，break 跳出循环
   end                                -- break 后面必须有 end
end                                   -- for 循环语句结束
```

很遗憾，Lua 语言不提供其他语言里常用的 continue，但 OpenResty 使用的 LuaJIT 扩展支持 goto，可以变通实现 continue，将在 4.2 节介绍。

3.8 函数

在 Lua 语言里函数是一类特殊的变量，它持有一个语句块，能够使用参数执行语句块（也就是“调用”），然后返回结果。

3.8.1 定义函数

定义函数需要使用关键字 function，形式是：

```
[local] function func_name(arguments)          -- 定义一个函数
    ...                                        -- 函数体，有多个语句
end                                            -- 函数定义结束
```

这种形式实际上是函数变量声明的简化形式，相当于：

```
[local] func_name = function(arguments)        -- 定义一个函数
    ...                                        -- 函数体，有多个语句
end                                            -- 函数定义结束
```

可以看到，Lua 的函数就是变量，也可以（最好）使用 local 局部化。

也正是因为函数是变量，所以 Lua 里不存在 C 语言“前向声明”的概念，任何函数都必须定义后才能使用。

3.8.2 参数和返回值

Lua 函数的参数和返回值都非常灵活。入口参数并不受声明的限制，可以传入任意数量的实参，少的默认值是 nil，多的则被忽略。函数的返回值使用 return 语句，可以用逗号分隔返回多个值，但如果被调用时使用圆括号包围则只会返回一个值。

Lua 函数的参数都是传值（但表除外），也就是说函数体内的修改不会改变传入参数的值。

Lua 的函数调用还有一种特殊形式，如果调用时只有一个传入的参数，而且这个参数是字符串或者表，那么 Lua 允许省略函数的“()”，直接在函数名后写参数。

下面的代码示范了 Lua 函数的用法：

```
print[[string]]                                -- 参数是字符串，省略了“()”

local function f1(a)                           -- 定义函数，参数数量是 1
    a = 'sliver'                               -- 修改参数的值，但不会影响外部变量
    print("var is ", a)                        -- 输出变量的值
end                                            -- 函数定义结束

f1{1,2,3}                                      -- 参数是表，调用时省略了“()”

local x = 'golden'                             -- 声明一个局部变量
f1(x, 'heart')                                 -- 调用函数，多传入的参数被忽略
assert(x == 'golden')                          -- 外部变量没有被修改

local function f2(a, b, c)                     -- 定义函数，参数数量是 3
    print(a .. (b or '') .. (c or ''))         -- 输出变量，使用 or 运算防止 nil
end                                            -- 函数定义结束
```

```
f2('Crazy', 'Diamond')                -- 调用函数，少的参数默认值为 nil

local function f3(a, b)               -- 定义函数，参数数量是 2
    return a+b, a*b                   -- return 返回多个结果
end                                   -- 函数定义结束

local x, y = f3(10, 20)               -- 使用赋值语句接收返回的多个结果
print((f3(1,2)))                      -- 加圆括号调用，只返回第一个结果
```

3.9 表

表（table）是 Lua 里唯一的数据结构，可以近似地理解为其他编程语言里的字典、关联数组或者 key-value 映射，但 Lua 的表更加灵活，能够模拟出 array、list、dict、set、map 等常见数据结构，或者其他任意复杂的结构。

3.9.1 定义表

Lua 表里作为索引的 key 可以是任何非 nil 值，所以当 key 类型是整数时表就相当于数组，key 类型是字符串时表就相当于字典或关联数组。Lua 表对 value 的类型没有任何限制，当然也可以是另外一个表，从而实现多个表的嵌套。①

Lua 里定义表使用花括号“{}”。

直接使用“{}”就是一个空表，在里面简单地列出表内的元素就声明了一个数组形式的表，使用“key=value”的形式就可以声明为字典形式的表：

```
local a = {3, 5, 7}                 -- 声明一个数组形式的表
local d = {one=1,['two']=2}         -- 声明一个字典形式的表
local t = {red=9, [3]=3, ['a']={}}  -- 混合了数组和字典形式的表，最好不要这么做
```

注意在使用“key=value”的形式时 key 不需要用单引号或双引号，如果必须要用（例如 key 里有空格或者其他特殊符号）则要使用“[key]=value”的形式。

定义表时的逗号“,”也可以改用分号“;”，两者没有不同，但可以做一些形式上的区分。

3.9.2 操作表

Lua 的表是动态的数据结构，不仅可以访问已有的元素，也可以随时向表里添加或删除元素，非常自由。

① 实际上 Lua 表在内部使用了两种数据结构：线性表和散列表，分别对应数组和字典。

操作表里的元素需要使用方括号“[]”：

```
assert(a[1] == 3 and a[2] == 5)          -- 使用[]访问数组里的元素，整数 key
a[1] = 100                               -- 修改第一个元素的值

assert(d['one'] == 1)                    -- 使用[]访问字典里的元素，字符串 key
d['three'] = 3                           -- 添加一个新元素
```

要特别留意的是：当表作为数组来使用时整数下标索引必须从 1 开始计数，这是与 C/Python 等语言最大的不同。①

如果 key 是字符串我们也可以直接使用点号“.”来操作，这时表就可以模拟其他语言里的类或名字空间特性，存储成员变量或成员函数：

```
local x = {}                             -- 声明一个空表
x['name'] = 'samus'                      -- 使用“[]”访问表里的元素，字符串 key
x.job = 'hunter'                         -- 使用“.”访问表里的元素，字符串 key

print(x.name, ' : ', x['job'])           -- “.”和“[]”的方式可以随意切换

x.mission = function(dst)                -- 为表添加一个函数变量，相当于成员函数
  print('fly to ', dst)                  -- 输出一个字符串
end                                      -- 函数定义结束

x.mission('zebes')                       -- 执行成员函数
```

运算符“#”可以计算形式表里的数组元素数量，配合 for 循环可以实现遍历数组：

```
assert(#a == 3)                          -- 计算表里的数组元素数量，输出 3

for i=1, #a do                           -- 用#计算数组长度，遍历数组
  print(a[i], ', ')                      -- 输出数组元素
end                                      -- for 循环结束
```

对于字典形式的表，暂时没有办法能够直接获取元素的数量，使用“#”会返回 0：

```
x['key'] = 1                             -- 一个字典形式的表
assert(#x == 0)                          -- “#”计算只处理数组元素，所以是 0
```

3.9.3 范围循环

for 循环语句的第二种形式——范围循环主要用于遍历表里的元素，但需要两个标准库函

① 实际上 Lua 数组的索引可以从任意的整数值开始，但从 1 计数已经成为了 Lua 世界里“不成文”的约定，如果强制使用其他的计数方式将导致有的标准库无法正常工作。

数的配合：ipairs()和 pairs()。

这两个函数起到迭代器的作用，逐个返回表里的 key/value。前者只适合数组形式的表，并且遍历到 nil 值就结束；而后者可以支持任意形式的表，并且遍历表里的所有元素，但速度没有 ipairs 快。

使用 for+ipairs/pairs 遍历表的示范代码如下：

```
for i,v in ipairs(a) do                 -- ipairs()只能遍历数组形式的表
   print(a[i], ', ')                     -- 输出数组元素
end                                      -- for 循环结束

for k,v in pairs(x) do                  -- pairs()可以遍历任意的表
   print(k, ' => ', v)                   -- 输出数组元素
end                                      -- for 循环结束
```

3.9.4 作为函数的参数

因为表通常都很大，所以当表作为函数的参数时不是传值的方式，而是传引用的方式，也就是说没有拷贝，直接传递表的“引用”，函数体内可以直接修改表的元素，例如：

```
local function f(v)                      -- 定义函数，表传递的是引用
   v.name = v.name .. ' aran'            -- 函数内部可以直接修改表的元素
end                                      -- 函数定义结束

f(x)                                     -- 执行函数，表被修改
print(x.name)                            -- 输出'samus aran'
```

3.10 模块

Lua 语言基于表实现了与 C++的 namespace、Java 的 package 类似的机制，用户可以用模块来管理组织代码结构，OpenResty 里的很多功能也都使用了这种方式。

模块就是一个函数集合，通常表现为一个 Lua 表，里面有模块作者提供的各种功能函数，使用点号“.”即可访问。

使用 require 函数可以加载模块，参数是模块所在的文件名（省略后缀），通常我们需要用变量来保存 require 函数的返回结果。例如：

```
local cjson = require "cjson"           -- 加载 OpenResty 的 cjson 模块，local 化

local str = cjson.encode({a=1,b=2}) -- 调用模块里的函数，JSON 编码
```

```
print(str)                              -- 输出：{"a":1,"b":2}
```

编写自己的 Lua 模块也很容易，在源码文件里创建一个表，把函数作为表的元素，最后用 return 返回这个表就可以了。示范代码如下：[①]

```
local proto = {                         -- 定义一个表，包含模块的所有功能
   version = '0.1'                      -- 给一个基本的版本号信息
   }

local data = 0                          -- 模块的内部数据，不暴露给外界

function proto.run()                    -- 定义一个函数，注意不能是 local
   print("run in mod")                  -- 函数体
end                                     -- 函数定义结束

return proto                            -- 返回模块的表
```

require 在加载模块的同时会执行文件里的代码（仅执行一次，所以多次 require 不会影响效率），在形式上，require 的工作相当于：

```
local _tmp = function()                 -- 定义一个临时函数
  ...                                   -- 里面是模块文件里的所有源码
end                                     -- 临时函数定义结束
local xxx = _tmp()                      -- 执行临时函数，最后会返回模块的表
```

3.11 面向对象

“面向对象”是编程语言里流行的范式，但经典的面向对象的设计原则并不是完全适合作为动态语言的 Lua，不过 Lua 也通过表提供了模拟实现的方式。

3.11.1 基本特性

如果使用字符串作为 key，那么表本身就是对象，可以任意存储变量和函数，例如：

```
local x = {}                            -- 一个空表，此时没有成员
x.name = 'snake'                        -- 属性 name，值是'snake'
x.mission = function() ... end          -- 添加一个方法
```

“封装”方面，Lua 不提供 private、public 这样的修饰词，表里的所有成员都是公开的。如果想要实现私有成员，那么可以在模块文件里用 local 修饰，这样 local 化的变量就

① 本书作者习惯在定义模块时使用名字“proto”作为表的名字，但 OpenResty/Lua 的命名惯例是使用“_M”，不采用惯例的原因是作者比较偏爱小写化的名字。

对外界不可见了，而成员函数仍然可以访问。

“多态”特性对于 Lua 来说非常简单，由于表是动态的，里面的成员都能够在运行时随意替换，没有编译型语言静态绑定的烦恼。

“继承”在 Lua 语言里是不提倡的特性，替代方案是使用“原型”（prototype）模式，从一个“原型”对象“克隆”出一个新对象，然后再动态变更其属性，从而达到与“继承”类似的效果。

3.11.2 原型模式

“原型”模式需要使用 Lua 的高级特性“元表”（metatable）和函数 setmetatable()。

元表描述了表的基本行为，有些类似 C++或者 Python 里的操作符重载，我们需要用的是“__index”元方法，它重载了 Lua 里查找 key 的操作，也就是 table.key。

函数 setmetatable(t, meta)把表 t 的元表设置为 meta 并返回 t。如果 meta 里设置了“__index”方法，那么对 t 的操作 t.key 也会同样作用到 meta 上，即 meta.key。这样，表 t 就“克隆”了表 meta 的所有成员，表 meta 就成为了表 t 的“原型”。

可以通过下面的例子来进一步理解 Lua 的“原型”操作：

```
local proto = {}                          -- 首先声明一个原型对象，暂时是空表
function proto.go()                       -- 为表添加一个方法，即成员函数
  print("go pikachu")
end

local mt = { __index = proto }            -- 定义元表，注意重载了“__index”
local obj = setmetatable({}, mt)          -- 调用 setmetatable 设置元表，返回新表
obj.go()                                  -- 新对象是原型的“克隆”，可以执行原型的操作
```

代码里的关键操作是定义元表 mt，里面只需要设置“__index”方法，然后再使用函数 setmetatable 从 mt 克隆出一个新的对象。

这两个步骤也可以合并为一次操作：

```
local obj = setmetatable({},              -- 调用 setmetatable 设置元表
            { __index = proto })          -- 函数里直接定义元表，重载“__index”
```

在克隆原型的时候还可以在 setmetatable 的第一个参数里添加新的字段，使之成为不同于原型的新对象，通常这个方法的名字就是 new：

```
function proto.new()                      -- new 对象，也就是克隆出新对象
  return setmetatable(                    -- 调用 setmetatable 设置元表
```

```
    {name='pokemon'}, mt)          -- 克隆时为对象添加新的属性
end
```

3.11.3 self 参数

Lua 为面向对象的方式使用表内成员函数提供一个特殊的操作符“:”，它的功能与“.”基本相同，但在调用函数时会隐含传入一个“self”参数。

self 类似于 C++/Java 里的 this 或者 Python 里的 Self，实际上就是对象自身，通过 self 就可以很方便地获取到对象的内部成员。

“:”和 self 不仅可以用在函数调用时，也可以用在函数定义时，例如：

```
function proto:hello()                   -- 使用“:”，隐含传入 self 参数
  print("hello ", self.name)             -- 可以直接使用 self 参数，无须声明
end

local obj = proto:new()                  -- 使用“:”的方式调用函数
obj:hello()                              -- 使用“:”的方式调用函数
```

“:”其实是一种“语法糖”，是简化的“.”写法，相当于：

```
function proto.hello(self) end           -- 显式传入 self 参数
obj.hello(obj)                           -- 显式传入对象自身
```

在我们编写面向对象的代码时两种方式都可以使用，本质上没有区别，但最好保持一致的风格。本书建议尽量使用“:”，它更简洁一些。

3.12 标准库

Lua 的库实际上就是包含了函数成员的表，这里表起到了名字空间的作用。

Lua 内置的标准库很小，只提供基本的功能，主要有：

- base　　　：最核心的函数；
- package　：管理 Lua 的模块；
- string　　：字符串相关函数，如取子串、格式化、大小写转换等；
- table　　：表相关函数，如插入删除元素、排序等；
- math　　　：数学计算相关函数，如三角函数、平方根等；
- io　　　　：文件相关函数，如打开、关闭、读写文件，注意是阻塞的；
- os　　　　：操作系统相关函数；
- debug　　：调试用的函数。

标准库函数的详细接口说明都可以在 Lua 或 OpenResty 手册里查阅，本节只简略介绍一些实际开发时较常用的。

3.12.1　base 库

base 库里的函数都是 Lua 最核心的函数，没有名字空间前缀，可以直接使用，我们之前见到的 type、print、iparis、pairs 等都是它的成员。[①]

assert (*s*)

使用断言执行语句，如果执行结果为 nil 或 false 则报错，否则返回执行结果。注意它与 C 语言里的 assert 宏不一样，断言表达式必定会执行。

error (*msg*)

直接引发一个错误，导致处理流程结束，错误信息 msg 会记录在 OpenResty 的运行日志里，只有当发生无法恢复的严重错误时（例如缺少某个关键的运行库）才能使用这个函数。

collectgarbage (*opt*)

Lua 垃圾回收器的操作函数。参数 opt 的取值有很多，常用的有“collect”要求立即运行垃圾回收，“count”检查 Lua 的内存使用情况，例如：

```
collectgarbage("collect")             -- 强制要求运行垃圾回收
print(collectgarbage("count"))        -- 检查 Lua 的内存使用情况，单位是 KB
```

loadstring (*string*)

加载一个字符串形式的 Lua 代码片段，返回包含这段代码的函数，例如：

```
local f = loadstring("return 42")     -- 加载一小段代码
print(f())                            -- 执行这段代码
```

3.12.2　package 库

package 库用来管理 Lua 的模块，我们在加载模块时使用的 require 函数就属于这个库，不过被导出到了全局名字空间。

① 不过在 resty-cli 命令行工具里 print 函数并不是原本的 print，而是被替换成了 io.stdout:write。

package.path package.cpath

这是两个字符串，保存了 require 函数在查找*.lua 或*.so 时的路径，可以在运行时手动修改它们，添加或删除查找目录（但请务必小心）。

package.loaded

package.loaded 是一个表，保存了 require 函数加载的模块，require 函数会使用这个表来检查模块是否已经被加载。

利用 loadstring 配合 package.loaded 就能够实现 Lua 代码的热装载，比如：

```
package.loaded.num = loadstring("return 42")      -- 加载 Lua 代码
local num = require "num"                          -- 使用 require 加载模块
print("hot load : ", num())                        -- 输出“42”

package.loaded.num = loadstring("return 3.14")    -- 加载一段新的 Lua 代码
local num = require "num"                          -- 重新 require 加载模块
print("hot load : ", num())                        -- 输出“3.14”
```

此外，也可以把 package.loaded 当作一个“全局”的暂存表，手动把自己的模块或数据放进这个表里，在整个进程里共享，例如：

```
package.loaded.shared = {...}                      -- 存储一段全局共享的数据
```

3.12.3 string 库

string 库里有很多操作字符串的实用函数，但其中的模式匹配/替换功能的 find/gfind/gsub 等函数使用的不是标准正则表达式语法，而且速度也不够快，所以不建议在正式代码里使用，而是应该用 OpenResty 自己的 ngx.re 系列函数（参见 6.5 节，它们基于 PCRE 库，性能很高）。

string.upper (*s*) string.lower (*s*)

转换字符串的大小写，例如：

```
local str = 'Hello'                     -- 一个字符串
print(string.upper(str))                -- 输出 HELLO
print(string.lower(str))                -- 输出 hello
```

string.sub (*s,from,to*)

从字符串 s 里提取子串，范围是[from, to]。字符串的计数从 1 开始，也可以使用负数从末尾计数，-1 表示字符串的末尾，例如：

```
local str = 'hello lua'                  -- 一个字符串
print(string.sub(str, 1, 4))             -- 取子串'hell'
print(string.sub(str, 7))                -- 取子串'lua'，to 参数默认是-1
print(string.sub(str, 5, -1))            -- 取子串'o lua'，显式指定字符串末尾
```

string.byte (*s,from,to*)

提取字符串里的字节，返回若干个整数。使用它就可以方便地操作二进制数据：

```
local a,b = string.byte(str, 1, 2)  -- 取字符串里的前两个字节，即'he'
print(a, ", ", b)                    -- 输出 104 和 101，即'he'的 ASCII 码值
```

string.char (···)

它是 string.byte 的反函数，把一个或多个整数转换成字符串，注意整数不能超过 ASCII 码的上限（即 255）：

```
string.char(104, 101)                -- 转换两个整数 104 和 101，输出'he'
```

string.format (*formatstring*, ···)

格式化字符串，类似 C 语言里的 printf，格式标志也是一样的，例如：

```
string.format("%04d, %f, %s",        -- 格式化整数、浮点数和字符串
              253, 3.14, 'lua')      -- 输出"0253, 3.140000, lua"
```

3.12.4 table 库

table 库里的函数用于操作表，但因为表自身的功能就很强，所以里面的函数并不多。[①]

table.insert (*arr*, *pos*, *value*)

在数组的 pos 位置插入一个元素，如果不提供 pos 参数，那么就在数组的末尾插入。

不过 table.insert 的效率并不高，我们可以用如下的方式更高效地在末尾添加元素：

```
a[#a + 1] = 'nginx'                  -- 利用"#"运算符获取长度来添加元素
```

table.remove (*arr*, *pos*)

删除数组里指定位置的元素，如果不指定 pos 参数则默认删除最后一个，例如：

```
local a = {1,2,3}                    -- 一个数组，里面有三个元素
table.remove(a, 2)                   -- 删除第二个元素，现在数组是{1,3}
```

---

① table 库里有一个函数 table.getn，它相当于操作符#，获取数组长度，但不建议使用。

利用好 insert 和 remove 就可以随意操作表两端的元素，实现队列或栈。

注意我们不能用“arr[*n*]=nil”的方式企图“删除”元素，这样并没有真正删除表里的元素，而且可能会在表内造成“空洞”，导致一些微妙的错误。

table.concat (*arr, sep*)

可以把数组 arr 里的元素用分隔符 sep 连接为一个字符串，比用“..”运算符速度要快，也更节约内存，例如：

```
local a = {'openresty', 'lua'}          -- 一个字符串数组
print(table.concat(a, '+'))             -- 使用'+'连接，结果是'openresty+lua'
```

table.sort (*arr* , *comp*)

对数组排序，第二个参数 comp 是元素比较函数，如果不提供则默认使用“<”。

3.12.5 math 库

math 库包括很多的标准数学函数，如乘方、开方、正弦、余弦、指数、对数等，下面简单列出几个常用的函数。

math.floor (*x*) math.ceil (*x*)

分别对数字向下和向上取整。Lua 标准库里没有四舍五入的函数 round，但可以利用这两个函数来实现，例如 math.floor(x + 0.5)。

math.min (*x*, ···) math.max (*x*, ···)

获取参数里的最小值和最大值。

math.randomseed (*x*)

设置伪随机数的种子值，相同的种子将产生相同的伪随机数序列，通常用来配合下面的 math.random 使用。

math.random (*m* , *n*)

产生伪随机数，参数 m 和 n 都可以省略。

如果不提供 m/n，那么产生的是[0,1)之间的小数；如果只有 m，那么产生的是[1,m]之间的整数；如果参数 m/n 都提供，那么产生的是[m,n]之间的整数。例如：

```
math.randomseed(1.414)                  -- 设置伪随机数的种子
```

```
print(math.random(), ',',                -- 产生[0,1)之间的小数
      math.random(100))                   -- 产生[1,100]之间的整数
```

3.12.6 io 库

io 库里是操作文件的函数，由于文件通常存储在磁盘上，而且是阻塞操作，速度很慢，在 OpenResty 里应当尽量少用。

io.open (*filename* , *mode*)

它类似 C 语言里的 fopen 函数，以"r"、"w"等模式打开文件，然后返回一个文件对象，可以用“:”调用 read 和 write 方法来读写文件内容，最后用 close 方法关闭文件。

在读取数据时，可以使用参数“*a”（即 all）读取整个文件，或者“*l”（即 line）读取一行，使用数字则读取指定长度的字节。

示范文件操作的代码如下：

```
local f = io.open("xxx", "r")            -- 以只读模式打开一个文件
print(f:read("*l"))                      -- 读取文件里的一行，注意需要使用“:”
print(f:read(20))                        -- 读取 20 个字节，注意需要使用“:”
f:close()                                -- 关闭文件，注意需要使用“:”
```

io.popen (*prog* , *mode*)

即“pipe open”，使用操作系统执行 prog 命令，并打开管道，可以从里面读出命令执行结果或者向管道写入数据，功能上很类似 os.execute，但好处是可以利用管道操作简单地访问数据。

下面的代码利用 io.popen 执行了 ps 操作，检查当前运行的 Nginx 进程数量：

```
local f = io.popen(                      -- 管道操作，执行 Shell 命令
          "ps -ef|grep nginx|wc -l")     -- 检查当前运行的 Nginx 进程数量
print(f:read())                          -- 读取命令执行的结果
f:close()                                -- 同样也需要关闭文件
```

io.tmpfile ()

创建一个临时文件，返回可操作的文件对象，临时文件会在程序结束后自动删除。

3.12.7 os 库

os 库包含有操作系统和时间日期相关的函数。[1]

os.execute (*command*)

阻塞执行操作系统命令，可以是任意的 Shell 指令，使用它就可以调用操作系统的各种功能，实现各种目录或文件操作，例如：

```
os.execute("mkdir " .. name)          -- 创建一个目录，但需要注意权限
```

os.remove (*filename*) os.rename (*oldname*, *newname*)

文件删除和文件改名操作。

os.date (*format* , *time*)

把时间戳 time 格式化为指定的形式，用法略复杂，读者可参考 restydoc，一个简单的例子如下：

```
os.date("%Y-%m-%d")                   -- 格式化当前时间为 YYYY-MM-DD 的形式
os.date("%m-%d %H:%M:%S",xxx)         -- 格式化时间戳为 MM-DD HH:MM:SS 的形式
```

3.12.8 debug 库

debug 库提供一些调试用的函数，最好不要用在正式的生产代码里，其中比较有用的一个函数是 debug.traceback，它输出函数的调用栈，当发生错误时可以追踪 Lua 代码的执行情况：

```
print(debug.traceback())              -- 输出 Lua 代码在此处的调用栈信息
```

3.12.9 使用技巧

实际开发中一个使用库函数的技巧是把它们 local 化，为函数起“别名”，可以避免 Lua 解释器反复在表里查找函数，加快程序的执行速度，例如：

```
local str_sub = string.sub            -- 用 str_sub 代替 string.sub
local concat = table.concat           -- 用 concat 代替 table.concat

print(str_sub(str, 1, 4))             -- 取子串
```

[1] 另外有一个开源库 lfs（LuaFileSystem）提供更多的目录和文件操作，但它同样也是阻塞操作，不建议在 OpenResty 内使用。

```
print(concat(a, '+'))                    -- 使用'+'连接
```

3.13 高级特性

本节将介绍 Lua 语言里的三个高级特性：闭包、保护调用和可变参数。

3.13.1 闭包

“闭包”(Closure)这个概念比较抽象，如果读者熟悉 JavaScript 里的闭包或者 C++ 里的 lambda 表达式可能对这个词不会陌生。形象（但不很准确）地来说，“闭包”就是一个“活的函数”，存在于程序的“高维空间”，可以任意操作函数外部的数据。

Lua 函数天然就是闭包，在声明的同时就捕获了之前的所有变量（在 Lua 里被称为 upvalue），然后我们可以把闭包存储在变量里，在后续的代码中传递和使用。

下面的代码定义了一个简单的闭包，捕获了外部变量 value（注意是 local 的）：

```
local value = 0                          -- 一个局部变量

local function counter()                 -- 定义函数，也就是闭包
  value = value + 1                      -- 直接操作外部的变量
  return value                           -- 返回修改后的值
end                                      -- 函数定义结束

print(counter())                         -- 调用闭包
```

闭包虽然概念上较难理解，但在 Lua 里用起来却很容易，读者可在实际工作中逐渐学习体会。

3.13.2 保护调用

如果想要 Lua 代码更加健壮，我们可以使用保护模式来执行可能出错的函数。

pcall（protected call）是 base 库里的一个特殊函数，它“保护调用”一个函数，绝对不会出错，并以 true/false 返回调用结果。如果结果是 true，那么调用成功，同时返回函数的返回值；否则返回的结果是错误信息：

```
local ok, v = pcall(math.sqrt, 2)        -- 保护调用求平方根
print(ok and v)                          -- 如果 ok 则输出平方根

local ok, err = pcall(require, "xxx")    -- 保护调用加载模块
if not ok then                           -- 如果出错则输出错误信息
```

```
  print("errinfo is ", err)
end
```

与 pcall 类似的还有一个 xpcall，它多了一个错误处理函数，可以在出错时回调，实现类似 try-catch 的功能。

3.13.3 可变参数

Lua 的函数支持可变参数，可以在参数列表里用“...”表示接受不确定数量的参数。

在函数体里使用“{...}”的形式可以把传入的参数保存到表里，之后就可以很容易地访问这些参数了，例如：

```
local function test(...)                      -- 函数使用可变参数
  local arg={...}                             -- 把参数保存到一个表里
  print(#arg)                                 -- 计算参数的数量
  for i, v in ipairs(arg) do                  -- 遍历参数，输出
      print("arg ", i, " is ", v)
  end
end
```

base 库函数 select(*n*, ...)也可以操作可变参数，返回第 n 个参数，如果 n 不是数字而是“#”，那么它的功能就相当于“#{...}”，即获取参数的数量：

```
print((select(3, ...)))                       -- 取第三个参数
print("args : ", select('#', ...))            -- 获取可变参数的数量
```

base 库函数 unpack(*arr*)是“...”的反操作，它可以把表“拆开”成一个参数列表，从而灵活地管理函数参数，不必手工在代码里逐个写出，例如：

```
local x = {'hello', 'lua', 'openresty'}       -- 把参数存入一个表
print(unpack(x))                              -- 调用 unpack 转化为可变参数
```

3.14 总结

Lua 是 OpenResty 的工作语言，它小巧轻便，专为嵌入其他语言而设计，与 C/C++具有良好的互操作性。Lua 学习成本低，很容易上手，功能也很丰富，表结构可实现数组、字典、名字空间等诸多特性，而且还有闭包、协程等更灵活、更高级的特性。

Lua 是一种动态语言，变量不需要声明就可以直接使用。但变量也是有类型和作用域的，不同类型的变量混用时最好先做类型转换，因为全局变量需要查找全局表效率低，所以良好的编程习惯是总使用 local 关键字局部化。

Lua 支持各种算术、逻辑、关系运算，但有几处与其他编程语言不同要留意：一个是不等比较，使用的是“~=”；另一个是逻辑运算时 false 和 nil 为假，其他为真，导致 and/or/not 运算规则比较特殊。此外 Lua 里还有字符串连接“..”和求长度的“#”两个特殊运算符。

Lua 的流程控制语句也有几个特别之处：多重分支需要使用关键字“elseif”，而不是“else if”；没有 continue 关键字，需要使用 LuaJIT 的 goto 来变通实现；break/return 必须用在语句块的末尾。这些细节如果不注意就很容易导致不应该发生的语法错误。

Lua 的函数本质上就是变量，它能够被“调用”，使用参数执行语句块返回结果。Lua 函数的入口和出口都很灵活，支持可变参数，也能够随意返回任意多个值。函数同时也是“闭包”，可以捕获外部的变量，然后在其他的场景中运行。

Lua 的表结构非常灵活，能够模拟出 array、list、dict、set、map 等常见数据结构，或者对象/类、名字空间、模块等语言结构。定义表使用“{}”，访问表里的元素使用“[]”或“.”，模拟面向对象特性时还可以使用“:”，遍历表则需要使用函数 pairs 或 ipairs。当表作为数组来使用时需要特别注意下标通常以 1 开始。

Lua 内置的标准库非常精简，只提供了一些基本的功能，如包管理、表操作、字符串、数学、I/O 等。虽然是“标准库”，但里面的很多函数运行效率并不高，存在阻塞，也很难被优化，在实际开发中应该尽量少用，而是使用 OpenResty 里的等价函数。

本章只简略介绍了使用 Lua 语言编程的基本知识，可以满足通常的开发需求，还有很多高级语言特性未能详述，例如迭代器、协程、元表等，读者可在今后的 OpenResty 开发实践中继续学习研究。

第 4 章

LuaJIT环境

在第 3 章我们学习了 Lua，它小巧快速，非常适合嵌入在各种环境里运行，所以被选定为 OpenResty 的工作语言。但为了追求极致的性能，OpenResty 里使用的却不是官方 Lua 解释器，而是一个非官方实现——LuaJIT。[①]

本章将简要介绍这个高效的 Lua 运行环境，以及它对标准 Lua 语言的各种扩展。

4.1 简介

LuaJIT 是 Lua 语言的另一个实现，包括一个汇编语言编写的解释器和一个 JIT 编译器。前者使用的是汇编语言，速度比 Lua 官方的解释器还要快很多，而后者可以把 Lua 语言用"Just-In-Time"技术直接编译为目标机器码，使运行速度成倍提升，达到或接近 C 代码的程度。

LuaJIT 基于 Lua 5.1，但在不破坏兼容性的前提下适当引入了一些 5.2 和 5.3 的语言特性，还提供了很多特别的优化和库，所以比原生的 Lua 更加强大。[②]

LuaJIT 是开源的，在官网 http://luajit.org/上可以免费下载，当前 OpenResty 使用的是基于 2.1 版本的自建分支，又添加了一些新的特性。

---

① OpenResty 在 1.5.8.1 版之后才默认使用 LuaJIT，之前使用的是标准 Lua 解释器。

② 详细的 LuaJIT 扩展可参见 http://luajit.org/extensions.html。

4.2 goto 语句

continue 是循环控制里一个非常重要的功能，可以跳过循环体后面的语句，立即重新开始下一次循环，但 Lua 语言不支持 continue，这让很多程序员非常不适应。

虽然没有 continue，但我们也可以利用其他方式来变通实现。早期的解决办法是在循环里使用一个大的 if-else，非常不方便。好在 LuaJIT 扩展了 Lua 5.1 的语法，加入了 Lua 5.2 里的 goto 语句，使用 goto 就能够较容易地实现 continue 功能。

LuaJIT 里的 goto 语句与 C 语言里的 goto 很类似，需要先使用“::*label*::”的形式定义标签，之后就可以随时用 goto 改变程序的流程，跳转到指定的标签。[①]

利用 goto 实现 continue 的方式是：

在 for/while/until 代码块的最末尾加上一个“::continue::”的标签，然后使用“goto continue”就可以了。例如：

```
for i=1,10 do                              -- for 循环语句开始
  if i % 2 == 0 then                       -- 检查是否是偶数
      goto continue                        -- goto 实现 continue，跳过后续代码
  end
  print("i = ", i)                         -- 打印数字

  ::continue::                             -- 必须要在循环体末尾设置标签
end
```

跳转的标签“::continue::”名字不是固定的，完全可以改用任意的标识符，但通常来说 continue 的名字最好，含义十分清晰。

4.3 jit 库

jit 库包含一些环境相关的信息，还有若干个函数和模块用来管理调试 LuaJIT 的编译引擎（如 jit.on/jit.v/jit.dump，通常我们不应该调用）。下面的代码示范了 jit 库里的几个常用功能：

```
print(jit.version)                         -- LuaJIT 的版本，字符串形式
print(jit.version_num)                     -- LuaJIT 的版本，数字形式
print(jit.os)                              -- 当前的操作系统名字，例如 Linux
```

① LuaJIT 的 goto 也有一些限制，不能随意跳转，例如不能跳入跳出函数，不能跳入下级的语句块。

```
print(jit.arch)                          -- 当前的硬件架构，例如 x64
print(jit.status())                      -- 编译引擎当前的状态
```

4.4 table 库

为了更高效地操作表，LuaJIT 增强了 table 库，为它添加了一些新函数，其中较有用的有 table.new、table.clear 和 table.clone。

table.new

函数 table.new 专门用来创建表，形式是：

```
table.new (narray, nhash)                      -- 创建表专用函数
```

两个参数分别指定了表内数组元素和散列元素的数量，让 LuaJIT 能够预先分配内存空间，避免之后插入元素 resize 时扩充存储的昂贵代价，在使用较大的表或者元素数量已知的情况下能够很好地提高运行效率。

table.new 不是内置的，使用前需要先用 require 加载，例如：

```
local tab_new = require "table.new"            -- 加载 table.new 函数
local t = tab_new(10, 0)                       -- 预先分配 10 个元素的数组空间
```

table.clear

函数 table.clear 把表置为空表，但保留之前分配的内存，在某些场景下可以优化内存的使用。它同样需要先用 require 加载，例如：

```
local tab_clear = require "table.clear"        -- 加载 table.clear 函数
tab_clear(t)                                   -- 清空表，但保留内存空间
```

table.clone

函数 table.clone 是 OpenResty 的 LuaJIT 分支独有特性，可以高效地“浅”拷贝表（shallow clone），比手写循环快很多，例如：

```
local tab_clone = require "table.clone"        -- 加载 table.clone 函数
local t2 = tab_clone(t)                        -- 高效地拷贝表，注意是浅拷贝
```

4.5 bit 库

LuaJIT 使用 bit 库为 Lua 5.1 增加了整数类型的位运算能力，使 Lua 能够更有效地处

理二进制数据。

bit 库需要使用 require 函数引入才能使用，提供的位运算功能包括 band、bor、bnot 等，虽然没有 C 语言里的操作符&、|、!那么方便，但小心仔细地编写代码也可以实现相同的功能。

操作函数

bit 库里常用的位操作函数有：

- tohex(x) ：数字转换为 16 进制字符串；
- band(x, ...) ：按位与操作；
- bor(x, ...) ：按位或操作；
- bnot(x) ：按位非操作；
- bxor(x,...) ：按位异或操作；
- lshift(x, n) ：按位左移操作；
- rshift(x, n) ：按位右移操作；
- rol(x, n) ：按位左旋转操作（left rotation）；
- ror(x, n) ：按位右旋转操作（right rotation）；
- bswap(x) ：反转字节顺序，常用于大小端字节序转换。

因为这些函数的名字都比较长，编写程序时最好使用 local 为它们起别名，简化代码。

用法示例

示范位运算的代码如下：

```
local bit = require "bit"                          -- 加载 LuaJIT 的 bit 库

local band, bor   = bit.band, bit.bor              -- local 别名简化使用
local bxor, bnot = bit.bxor, bit.bnot              -- local 别名简化使用
local blshift     = bit.lshift                     --local 别名简化使用
local tohex       = bit.tohex                      -- tohex 把数字转换为 16 进制字符串

local x, y = 1, 4                                  -- 两个整数变量
print(band(x, y))                                  -- 位与操作，1&4=0
print(bor(x, y))                                   -- 位或操作，1|4=5
print(bxor(x, y))                                  -- 异或操作，1^4=5
print(tohex(bnot(x)))                              -- 位非操作，~1=fffffffe
print(blshift(y, 1))                               -- 左移操作，4<<1=8
```

使用 bit 库配合 string.byte 可以较容易地解析二进制数据，例如常见的 4 字节整数：

```
local byte = string.byte                    -- string 库里取字节的函数
local data = '\000\000\001\001'             -- 一个二进制数据

local a,b,c,d = byte(data, 1, 4)            -- 取四个字节

local x = blshift(a, 24) +                  -- 第一个字节左移 24 位
          blshift(b, 16) +                  -- 第二个字节左移 16 位
          blshift(c,  8) +                  -- 第三个字节左移 8 位
          d                                 -- 最后一个字节不需要左移
print(x)                                    -- 位运算的结果是 257
```

4.6 ffi 库

ffi 是 LuaJIT 里最有价值的一个库，它极大地简化了在 Lua 代码里调用 C 接口的工作，不需要编写烦琐的 Lua/C 绑定函数，只要在 Lua 代码里嵌入 C 函数或数据结构的声明，无须额外的代码即可直接访问，非常方便，而且执行效率比传统的栈方式更高。

ffi 库不仅可以调用系统函数和 OpenResty 内部的 C 函数，还可以加载 so 形式的动态库，调用动态库里的函数，从而轻松灵活地扩展 Lua 的功能。

操作函数

ffi 库同样需要使用 require 引入后才能使用，最基本的函数有：

- ffi.load　　：加载*.so 动态库；
- ffi.cdef　　：声明 C 函数或数据结构，之后才能在 Lua 里使用；
- ffi.typeof　：创建一个 C 结构“类型对象”（ctype）；
- ffi.new　　 ：使用“类型对象”创建可供 C 函数操作的数据（cdata）；
- ffi.C　　　 ：C 函数/变量所在的表，可以用点号“.”访问。

此外还有一些辅助函数：

- ffi.null　　 ：相当于 C 语言的 NULL；
- ffi.alignof　：获取结构体的最小字节对齐数；
- ffi.sizeof　 ：相当于 C 语言的 sizeof 操作符，计算类型的大小；
- ffi.offsetof ：相当于 C 语言的 offsetof 宏，计算字段在结构体里的偏移量；
- ffi.copy　　 ：相当于 C 函数 memcpy，拷贝内存数据；
- ffi.fill　　 ：相当于 C 函数 memset，填充内存；
- ffi.errno　　：获取 C 函数设置的错误码；
- ffi.string　 ：把 C 指针指向的内存数据转换为 Lua 字符串；

- ffi.os ：同 jit.os，当前操作系统的名字；
- ffi.arch ：同 jit.arch，当前的硬件架构。

用法

首先我们必须要用 ffi.cdef 声明想要在 Lua 里调用的 C 函数，与之相关的数据结构也必须同时声明（C 语言标准的 int、double 等类型除外），这些函数/数据结构的形式必须与它们在 C 代码里的一致——可以直接从 C 的头文件里原样拷贝粘贴。因为 C 代码通常可能很多，所以最好使用“[[...]]”的形式：[1]

```
ffi.cdef[[                                      -- 声明 C 函数或数据结构
struct dummy{};                                 //注意这里需要使用 C 的注释形式
double sqrt(double x);
int gethostname(char *name, size_t len);
]]                                              -- 声明结束
```

在 ffi.cdef 之后，我们需要用 ffi.typeof(*name*)在 Lua 里创建一个类型对象（ctype），数组类型可以用“*name*[?]”的形式，例如：

```
local int_t = ffi.typeof("int")                 -- C 整数类型对象
local char_arr_t = ffi_typeof("char[?]")        -- C 字符数组类型对象
```

ffi.new(*ctype*,*n*)创建出可供 C 函数使用的数据，也可以直接使用 ctype(*n*)的方式：

```
local a_int = ffi_new(int_t)                    -- 创建一个整数对象
local char_arr = char_arr_t(10)                 -- 创建一个字符数组，长度 10
```

ffi.C.*name*()会直接调用在 ffi.cdef 里声明的 C 函数，参数里简单的 int、double 类型可以直接使用 Lua 变量，否则就要使用 ffi.new 创建出的 cdata。

C 函数输出的结果类型通常是 cdata。字符串在 Lua 里需要特别处理，使用 ffi.string(*ptr*,*len*)转换为 Lua 字符串（注意不能使用 tostring）；数字类型一般可以直接操作，但最好也使用 tonubmer；数组对象则要注意遵循 C 语言的习惯从 0 计数。例如：

```
local x = ffi.C.sqrt(5)                         -- 直接调用开平方函数
print(x)                                        -- 数字可以在 Lua 里直接使用

ffi.fill(char_arr, 10)                          -- 字符数组置 0
ffi.C.gethostname(char_arr, 10)                 -- 直接调用获取主机名函数
print(char_arr)                                 -- 输出的是 cdata，指针地址
print(ffi.string(char_arr))                     -- 转换后才能输出正确字符串
print(char_arr[0])                              -- cdata 数组从 0 开始计数
```

---

[1] ffi.cdef 不能识别宏定义，如果要使用宏可以转换为 enum 声明。

示例

下面的例子完整地示范了 ffi 库的用法，调用了 UNIX 系统函数 gettimeofday，获取微秒精度的时间：

```
local ffi = require "ffi"                              -- 加载 LuaJIT 的 ffi 库

local ffi_null   = ffi.null                            -- local 别名简化使用
local ffi_cdef   = ffi.cdef                            -- local 别名简化使用
local ffi_new    = ffi.new                             -- local 别名简化使用
local ffi_C      = ffi.C                               -- local 别名简化使用

ffi_cdef[[
struct timeval {                                       //C 数据结构声明
    long int tv_sec;                                   //C 代码里必须使用 C 风格的注释
    long int tv_usec;
};
int gettimeofday(struct timeval *tv, void *tz);//C 函数声明
]]

local timeval_t = ffi_typeof("struct timeval") -- 产生一个 C 结构的“类型对象”
local tm = ffi_new(timeval_t)                          -- 创建供 C 函数使用的数据

ffi_C.gettimeofday(tm, ffi_null)                       -- 直接调用之前声明的 C 函数

print(type(tm.tv_sec))                                 -- 查看数据类型，是 cdata
print("sec:", tm.tv_sec)                               -- 直接输出 C 数据
print("sec:", tonumber(tm.tv_sec))                     -- 在 Lua 里使用需要转换
```

这段代码里我们首先用 ffi.cdef 声明了 C 函数 gettimeofday 和它的参数类型，然后依次调用 ffi.typeof 和 ffi.new 分配内存空间，最后用 ffi.C 执行了 C 函数，整个流程与 C 代码非常相似，但实际上却是 100%的纯 Lua 程序。

4.7 编译为字节码

LuaJIT 在执行 Lua 程序时会把源程序转换成字节码（Byte Code，Java 程序员应该很熟悉），然后再导入到 LuaVM 里运行。虽然 LuaJIT 转换字节码的速度很快，但毕竟有那么一点效率损耗，如果要进一步追求性能，我们可以预先把 Lua 源程序编译成字节码，从而消除这部分成本。

LuaJIT 编译字节码的命令是：

```
luajit -b input.lua output.ljbc                  #使用“-b”选项编译字节码
```

其中输出文件名的后缀是任意的，“ljbc”的后缀是最常用的，也可以仍然用“lua”，这样就直接覆盖了源码文件。

下面的示例把 hello.lua 编译成了字节码文件：

```
/usr/local/openresty/luajit/bin/luajit -b hello.lua hello.ljbc
```

4.8 编译为机器码

LuaJIT 总是先用解释器运行编译后的字节码，并在运行时做“热点分析”，如果某段代码足够“热”，就会自动触发 JIT 编译器，尝试把字节码再编译成本地的机器码，让程序能够以最快的速度运行。

但不是所有的 Lua 代码都可以编译成机器码，有的 Lua 函数因为实现的代价较高所以不会被编译，只能以字节码的形式运行，这些被称为 NYI（Not Yet Implemented）。

当然，LuaJIT 本身的解释器已经非常快了，大多数情况下我们不必关心 NYI，只有在很极端的时候才需要避免（例如 Lua 库作者）。

下表简单地列出了一些常见的 NYI，在编写 Lua 代码时应适当留意：[①]

函数	说明
pairs	但遍历数组的 ipairs 不是 NYI，可以被编译
unpack	使用可变参数的函数也都不能被编译
table.insert	在表两端插入时才能被编译（push）
table.remove	在表两端移除时才能被编译（pop）
math.randomseed	其他数学函数均可被编译
ffi.typeof	使用字符串作为参数时不能被编译
string.*	除 match/gmatch/gsub/dump 外均可被编译
io.*	除 io.flush 和 io.write 外均不能被编译
os.*	均不能被编译

4.9 总结

Lua 语言本身的运行效率就很高，而 OpenResty 为了追求性能的极致，使用的是更高效

① 可参考 http://wiki.luajit.org/NYI 了解更多信息。

的 LuaJIT。它利用了汇编语言和即时编译技术，可以把 Lua 源码程序即时编译成本地机器码，成倍地提升运行速度。

除了性能方面的提升，LuaJIT 还扩展了 Lua 5.1 的语法和函数库。goto 语句解决了 Lua 里没有 continue 关键字的苦恼，table 库能够高效利用内存，bit 库实现了二进制位操作，ffi 库则允许我们以非常简单的方式编写 C 模块扩展 Lua，或者以 Lua 写出“纯 C 程序”，直接操作原始内存，深入到系统的底层，实现更强大的功能。

因为 LuaJIT 对 Lua 代码的优化效果非常明显，所以我们在 OpenResty 里编写 Lua 代码时也需要注意尽量避免使用 pairs、unpack、io.*等不可编译的“NYI”原语，让 LuaJIT 的即时编译发挥出最大的作用，让 OpenResty 应用以最高速度运行。

第 5 章

开发概述

由于 Nginx 的模块化架构具有良好的扩展性，OpenResty 实现了 ngx_lua 和 stream_lua 等模块，把 Lua/LuaJIT 完美地整合进了 Nginx，从而让我们能够在 Nginx 内部的多个关键节点里嵌入 Lua 脚本，用 Lua 这种便捷的语言来实现复杂的 HTTP/TCP/UDP 业务逻辑，同时依然保持着高度的并发服务能力。

本章将先从一个简单的应用服务例子开始，从宏观的层次介绍开发 OpenResty 应用的基本流程、配置指令、运行机制等重要知识。

5.1 应用示例

在第 3 章和第 4 章我们学习了 OpenResty 里使用的 Lua 语言，也编写了一些 Lua 程序，但它们都是使用 resty-cli 命令行工具运行的，并不能对外提供服务。

本节将使用 OpenResty 开发出一个简单的 Web 服务："Hello World"。

5.1.1 编码实现

与其他的编程语言不同，使用 OpenResty 开发服务应用首先要做的并不是编写程序代码，而是要编写配置文件。这是因为 OpenResty 使用了 Nginx 作为运行平台，Nginx 本身需要使用配置文件来定义 Web 服务。这里我们将配置文件命名为"hello.conf"。

基本配置

作为 Web 服务，我们应该依据实际情况决定应用的服务能力，例如开多少个 worker 进程、可能的最大并发数量等。

“Hello World”应用的功能很简单，所以我们只开启一个 worker 进程，并发连接最多 512 个，其他的都使用默认配置。

在配置文件 hello.conf 里要使用的指令是“worker_processes”和“worker_connections”，如下：①

```
worker_processes  1;                          #设置 worker 进程的数量为 1
events {                                      #设置并发连接需要在 events 块里
  worker_connections  512;                    #单个 worker 的最大并发连接数
}
```

服务配置

接下来需要决定 Web 服务的协议和端口号，我们使用最常用的 HTTP 协议，端口 80，域名任意。

配置 HTTP 服务需要编写 http{}配置块，并在里面使用指令 server、listen、server_name 依次定义端口号和域名：

```
http {                                        #定义 HTTP 服务
  server {                                    #server 块，定义 Web 服务
    listen            80;                     #服务使用的是 80 端口
    server_name       *.*;                    #HTTP 服务对应任意域名
  }                                           #server 块结束
}                                             #http 块结束
```

处理请求

有了 Web 服务，我们还要有处理请求时的 URI 入口。因为“Hello World”应用总是返回唯一的结果，所以应当使用“location /”来匹配所有的 URI：

```
http {                                        #定义 HTTP 服务
  server {                                    #server 块，定义 Web 服务
    listen            80;                     #服务使用的是 80 端口
    server_name       *.*;                    #HTTP 服务对应任意域名

    location / {}                             #location 块，匹配任意 URI
  }                                           #server 块结束
}                                             #http 块结束
```

① 其实 worker_processes 和 worker_connections 都可以不写，默认值就是 1 个 worker 进程和最多 512 个连接，但配置块 events{}不能省略。

应用程序

经过前面的三个步骤，现在 Web 服务的基本框架已经建立起来了，缺的只是服务的内容，这是要真正编写 Lua 代码的地方。

OpenResty 提供一个专用指令“content_by_lua_block”，可以在配置文件里书写 Lua 代码，产生响应内容：

```
content_by_lua_block {                          -- 我们的第一个 OpenResty 应用
  ngx.print("hello, world")                     -- 打印经典的“hello, world”
}                                               #Lua 代码结束
```

指令里调用了 OpenResty 的功能接口 ngx.print，向客户端输出了“hello, world”字符串。

完整代码

这样，我们的第一个 OpenResty 应用就完成了，完整的代码如下：

```
worker_processes  1;                            #设置 worker 进程的数量为 1
events {                                        #设置并发连接需要在 events 块里
  worker_connections 512;                       #单个 worker 的最大连接数
}

http {                                          #定义 HTTP 服务
  server {                                      #server 块，定义 Web 服务
    listen          80;                         #服务使用的是 80 端口
    server_name     *.*;                        #HTTP 服务对应任意域名

    location / {                                #location 块，匹配任意 URI
      content_by_lua_block {                    -- 我们的第一个 OpenResty 应用
        ngx.print("hello, world")               -- 打印经典的“hello, world”
      }                                         #Lua 代码结束
    }                                           #location 块结束
  }                                             #server 块结束
}                                               #http 块结束
```

5.1.2 测试验证

OpenResty 应用开发完成之后不需要编译，可以部署后直接运行对外提供 Web 服务。但注意不能简单地执行“bin/openresty”，那将会使用 OpenResty 默认的配置文件而不是我们刚编写的配置文件。

启动应用需要使用“-c”参数，让 OpenResty 以指定的配置文件运行：

```
/usr/local/openresty/bin/openresty -c "`pwd`/hello.conf"
```

现在就可以使用 curl 来验证“Hello World”应用的运行情况了：

```
curl -v 127.0.0.1                    #curl 命令发送 HTTP 请求
curl -v 127.0.0.1/hello              #总会得到“hello, world”
```

停止应用时同样需要加上“-c”参数：

```
/usr/local/openresty/bin/openresty -c "`pwd`/hello.conf" -s stop
```

5.2 运行命令

在 1.7 节我们曾经简单地了解启动和停止 OpenResty 的方法，本节将再介绍几个常用的运行参数，使用它们可以更好地管理 OpenResty 应用。

“-c”参数要求 OpenResty 运行指定的配置文件，正如 5.1 节那样：

```
bin/openresty    -c x.conf           #要求 OpenResty 运行配置文件 x.conf
```

“-p *path*”是“-c”的增强版，它设置了完整的 OpenResty 环境。“*path*”指定了 OpenResty 的工作目录，OpenResty 会使用这个目录下的 conf/nginx.conf 运行，日志文件存放在 logs 目录，例如：

```
bin/openresty    -p /opt/openresty   #设置工作目录为/opt/openresty
```

“-s *signal*”可以快速地停止或者重启 OpenResty，“*signal*”值可以是：

- stop   ：强制立即停止服务，未完成的请求会被直接关闭；
- quit   ：停止服务，但必须在处理完当前所有请求之后；
- reload ：重启服务，重新加载配置文件和 Lua 代码，服务不会中断；
- reopen ：只重新打开日志文件，服务不会中断，常用于切分日志（rotate）。

需要注意的是，如果使用“-c/-p”参数启动了 OpenResty，那么在使用“-s”时也必须使用“-c/-p”参数，告诉 OpenResty 使用的是哪个配置文件。例如：

```
#在使用配置文件 x.conf 启动 OpenResty 后再重启 OpenResty，必须使用-c 指定配置文件
bin/openresty -s reload -c x.conf

#在使用-p 启动 OpenResty 后停止 OpenResty，仍然要使用-p 参数
bin/openresty -s stop -p /opt/openresty
```

“-t”或“-T”参数可以测试配置文件是否正确，后者同时还会打印出文件内容方便检查：

```
bin/openresty -t                     #检查默认的配置文件
bin/openresty -T                     #检查默认的配置文件并打印输出
```

```
bin/openresty -t -c x.conf                  #检查指定的配置文件 x.conf
```

“-v”或“-V”参数可以显示 OpenResty 的版本信息（不需要 root 权限），两者的区别是“-V”可以显示的更多，包括编译器版本、操作系统版本、定制的编译参数等信息：

```
bin/openresty -v                            #显示简要的版本信息
nginx version: openresty/1.13.6.2           #OpenResty 版本是 1.13.6.2

bin/openresty -V                            #显示完全的版本信息
nginx version: openresty/1.13.6.2           #OpenResty 版本是 1.13.6.2
built by gcc 5.4.0 20160609                 #使用 GCC 5.4.0 编译
built with OpenSSL 1.0.2k  26 Jan 2017      #使用的 OpenSSL 版本是 1.0.2k
TLS SNI support enabled                     #启用了 TLS SNI 功能
configure arguments: ...                    #大量 OpenResty 的定制编译项
```

5.3 目录结构

5.1 节的例子是最简单的 OpenResty 应用，只有一个配置文件，应用代码写在了配置文件里。但实际的项目要比它复杂很多，配置文件和应用代码最好分离管理维护，此外还会有其他的监控脚本、日志文件、数据文件等，必须要用很好的目录层次把它们组织起来。

通常一个 OpenResty 应用的目录结构如下：[①]

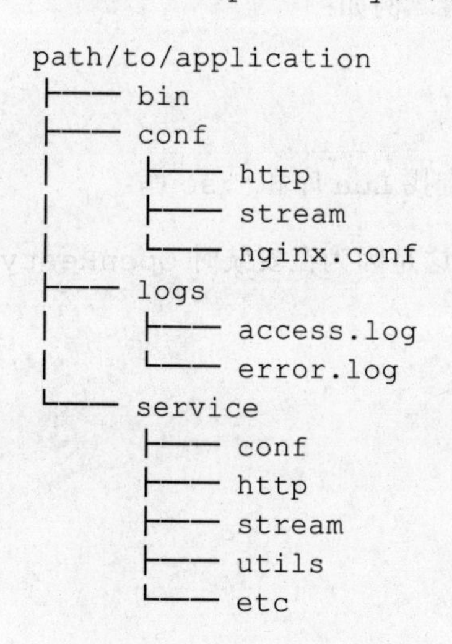

```
path/to/application              #应用的主目录
├── bin                          #脚本目录，存放各种脚本文件
├── conf                         #配置目录，存放 Nginx 配置文件
│   ├── http                     #存放 HTTP 服务的配置文件
│   ├── stream                   #存放 TCP/UDP 服务的配置文件
│   └── nginx.conf               #主配置文件
├── logs                         #日志目录，存放 Nginx 日志
│   ├── access.log               #访问日志文件
│   └── error.log                #错误日志文件
└── service                      #应用程序目录，存放 Lua 代码
    ├── conf                     #应用程序的配置
    ├── http                     #HTTP 服务代码
    ├── stream                   #TCP/UDP 服务代码
    ├── utils                    #通用的实用工具代码
    └── etc                      #其他数据文件
```

这样，我们就可以使用“-p”参数，在一个“整洁”的环境里运行 OpenResty 应用：

---

① 如果读者熟悉 Nginx 的配置，也可以不用 logs 目录，而在配置文件里指定日志的其他存储位置，例如存放到/var/logs/openresty。

```
/usr/local/openresty/bin/openresty -p `pwd`     #在当前目录运行 OpenResty 应用
```

读者也应当依据实际情况调整目录结构，创建符合自己的 OpenResty 应用环境。

5.4 配置指令

OpenResty 基于 Nginx 提供了很多的指令，用来在配置文件里设置 OpenResty 运行时的基本参数，调整自身的行为。指令的用法都比较简单，通常是一些开关、数值或者字符串。

在 OpenResty 里 ngx_lua 和 stream_lua 分别属于两个不同的子系统，但指令的功能和格式基本相同，以下的内容基于最常用的 ngx_lua，也就是 http 子系统。①

OpenResty 的配置指令有 30 个左右，其中 socket 超时时间、定时器数量限制等与功能接口密切相关，将在后续章节讲解，本节只介绍三个最基本的指令。

lua_package_path / lua_package_cpath

这两个指令是运行 OpenResty 应用的关键，它们以字符串的形式确定 Lua 库和 so 库的查找路径，文件名使用“?”作为通配符，多个路径使用“;”分隔，默认的查找路径用“;;”。

指令里还可以使用特殊变量“$prefix”，表示 OpenResty 启动时的工作目录（即“-p”参数指定的目录），这样就可以不使用绝对路径，配置更加灵活。例如：

```
lua_package_path     "$prefix/service/?.lua;;";
lua_package_cpath    "$prefix/service/lib/?.so;;";
```

上面的指令告诉 OpenResty 在工作目录的 service 里查找 Lua 库和*.so 库。

我们不需要在指令里刻意指定 OpenResty 的安装目录，这是因为在安装时 OpenResty 已经默认内置了自己的查找目录，即：②

- /usr/local/openresty/lualib/?.lua
- /usr/local/openresty/site/lualib/?.lua
- /usr/local/openresty/lualib/?.so
- /usr/local/openresty/site/lualib/?.so

---

① ngx_lua 指令的详细说明可参见官网，地址是 https://github.com/openresty/lua-nginx-module/。

② 实际上 OpenResty 还做了一点优化，会优先查找 LuaJIT 编译的字节码文件，即“?.ljbc”。

lua_code_cache *on* | *off*

这个指令会启用 OpenResty 的 Lua 代码缓存功能，源码文件里的 Lua 代码被 LuaVM 加载后就被缓存起来，仅会读取一次，减少了磁盘读写也就加快了运行速度。

lua_code_cache 的默认值是 on，通常不建议使用 off 关闭，这将大大降低 OpenResty 的性能。只有在一种情况下可以设置为 off，那就是调试程序的时候。

在调试时我们会经常修改 Lua 代码，如果 lua_code_cache 是 on 状态，因为代码已经在应用启动时读取并缓存，修改后的代码就不会被 OpenResty 载入，修改也不会生效，只能使用“-s reload”的方式强制让 OpenResty 重新加载代码。如果修改的比较频繁，那么反复这样的操作就很麻烦，把缓存关闭可以让 OpenResty 每次处理请求时自动载入修改后的代码，节约一些调试的时间。

但“lua_code_cache off”用在调试时也有一些限制，它对直接写在配置文件里的 Lua 代码，或者被“init_by_lua_file/init_worker_by_lua_file”加载的 Lua 代码无效（都是在启动时一次性加载的），这时仍然要使用“-s reload”的方式。

5.5 运行机制

OpenResty 基于 Nginx，把 Web 服务的整个生命周期和请求处理流程清晰地划分出了若干个阶段（Phase）——这是 OpenResty 与其他 Web 服务开发环境的最显著差异。

5.5.1 处理阶段

一个 Web 服务的生命周期可以分成三个阶段：

- initing ：服务启动，工作通常是读取配置文件，初始化内部数据结构；
- running ：服务运行，接受客户端的请求，返回响应结果；
- exiting ：服务停止，做一些必要的清理工作，如关闭监听端口。

OpenResty 目前关注的是 initing 和 running 这两个阶段，并做了更细致的划分。

initing 阶段在 OpenResty 里分为三个子阶段：

- configuration ：读取配置文件，解析配置指令，设置运行参数；
- master-initing ：配置文件解析完毕，master 进程初始化公用的数据；
- worker-initing ：worker 进程自己的初始化，进程专用的数据。

在 running 阶段，收到客户端请求后，OpenResty 对每个请求都会使用一个专门的“流

水线”顺序进行处理，“流水线”上就是 OpenResty 定义的处理阶段，包括：[1]

- ssl ：SSL/TLS 安全通信和验证；
- preread ：在正式处理之前“预读”数据，接收 HTTP 请求头；
- rewrite ：检查、改写 URI，实现跳转/重定向；
- access ：访问权限控制；
- content ：产生响应内容；
- filter ：对 content 阶段产生的内容进行过滤加工处理；
- log ：请求处理完毕，记录日志，或者其他的收尾工作。

在处理请求的“前台任务”之外，OpenResty 还允许运行一些“后台任务”，方法是使用定时器，分批次按计划执行。

这些处理阶段在 OpenResty 进程里的关系如图 5-1 所示（不包含定时器阶段）：

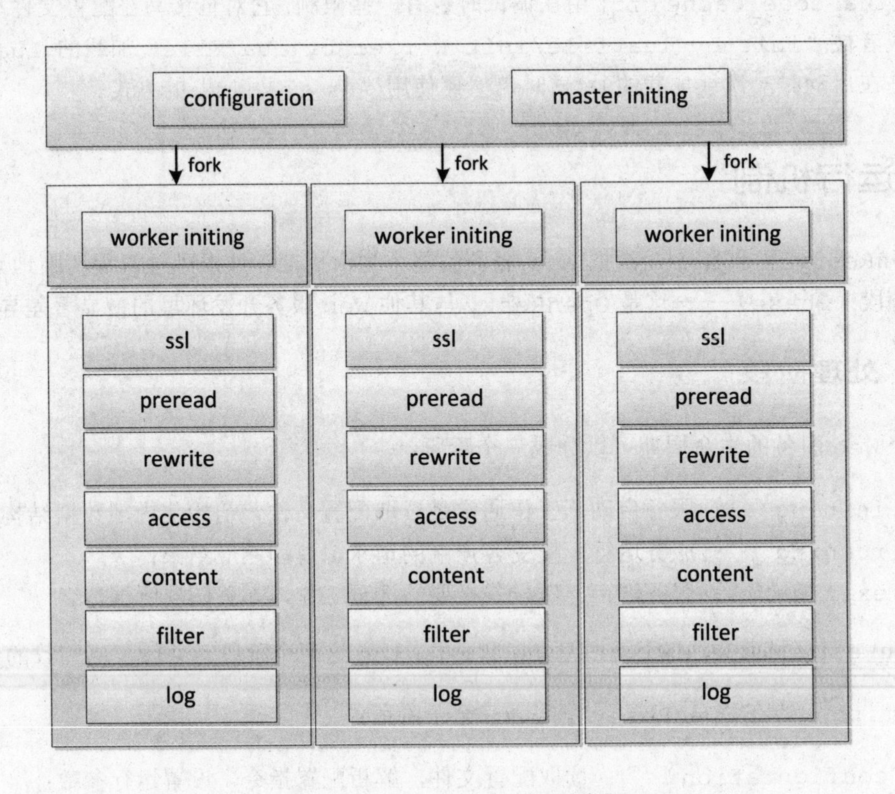

图 5-1 OpenResty 里的处理阶段

① OpenResty 处理 TCP/UDP 协议的阶段与 HTTP 协议略有不同，没有 rewrite，但大体上是一致的。

可以看到，每个阶段所做的工作都很明确，OpenResty通过这种方式细化了Web服务的处理流程，但也对开发者提出了较高的要求：开发者必须较好地理解这些阶段的含义和作用，再结合自己的实际业务需求，选择恰当的阶段编写代码实现功能。

对于大多数读者来说，最熟悉的可能就是content阶段了。理论上来说所有的业务逻辑都可以放在这个阶段里完成，不过这样很容易导致各种逻辑混在一起，写出庞杂的代码，难以维护。有经验的程序员可能会梳理代码，封装为不同的模块，使处理流程清晰明了，而在OpenResty里这早都已经规划好了，只需“按图索骥”。

5.5.2 执行程序

对应以上的处理阶段，OpenResty提供了一些“*xxx*_by_lua”指令，开发Web应用时使用它们就可以在这些阶段里插入Lua代码，执行业务逻辑，常用的有：①

- init_by_lua　　　　　　　：master-initing阶段，初始化全局配置或模块；
- init_worker_by_lua　　　　：worker-initing阶段，初始化进程专用功能；
- ssl_certificate_by_lua　：ssl阶段，在“握手”时设置安全证书；
- set_by_lua　　　　　　　：rewrite阶段，改写Nginx变量；
- rewrite_by_lua　　　　　：rewrite阶段，改写URI，实现跳转/重定向；
- access_by_lua　　　　　　：access阶段，访问控制或限速；
- content_by_lua　　　　　：content阶段，产生响应内容；
- balancer_by_lua　　　　　：content阶段，反向代理时选择后端服务器；
- header_filter_by_lua　　：filter阶段，加工处理响应头；
- body_filter_by_lua　　　：filter阶段，加工处理响应体；
- log_by_lua　　　　　　　：log阶段，记录日志或其他的收尾工作。

读者需要注意的是在HTTP处理过程中没有“preread_by_lua”，即Preread阶段只能由OpenResty内部读取HTTP请求头，用户不能介入干预（但TCP/UDP协议是允许的）。

灵活利用这些指令，我们就可以把复杂的业务拆分成若干个简单可控的模块，彼此之间完全解耦各自演化，一个典型的例子如下：

```
init_worker_by_lua_block {              -- worker-initing阶段
    ...                                 -- 启动定时器，定时从Redis里获取数据
}
```

① 这里未列出SSL/TLS会话复用相关的另两个指令：ssl_session_fetch_by_lua和ssl_session_store_by_lua，可参见11.7节。

```
rewrite_by_lua_block {                 -- rewrite 阶段，通常是检查、改写 URI
    ...                                -- 但也可以操作响应体，做编码解码工作
}

access_by_lua_block {                  -- access 阶段，通常做权限控制
    ...                                -- 检查权限，例如 ip 地址、访问次数
}

content_by_lua_block {                 -- content 阶段，Lua 产生响应内容
    ...                                -- 主要的业务逻辑，产生向客户端输出的内容
}

body_filter_by_lua_block {             -- filter 阶段，加工处理响应数据
    ...                                -- 可以对数据编码、加密或者附加额外数据
}

log_by_lua_block {                     -- log 阶段，请求结束后的收尾工作
    ...                                -- 可以向某个后端发送处理完毕的"回执"
}
```

这些指令通常都有三种形式（少数例外）：

- *xxx*_by_lua ：执行字符串形式的 Lua 代码；
- *xxx*_by_lua_block ：功能相同，但指令后是{...}的 Lua 代码块；
- *xxx*_by_lua_file ：功能相同，但执行磁盘上的源码文件。

"*xxx*_by_lua"是 OpenResty 早期的指令形式，Lua 代码长度有限制（不能超过 4KB），而且在字符串里要考虑单引号或双引号的冲突，编写代码不太方便，不推荐使用。

"*xxx*_by_lua_block"是它的改进形式，可以在花括号"{}"里书写任意的 Lua 代码，没有转义符、单引号和双引号的限制，代码的长度也没有限制，但因为把代码混在了配置文件里也不建议过多使用。

"*xxx*_by_lua_file"是最推荐使用的方式，它彻底分离了配置文件与业务代码，让两者可以独立部署，而且文件形式也让我们更容易以模块的方式管理组织 Lua 程序。

指令里的 Lua 源码或字节码文件可以用绝对路径或者相对路径来指定，如果使用相对路径，那么查找路径是 OpenResty 启动时的工作路径（即"-p"参数指定的目录），注意它与"lua_package_path/lua_package_cpath"指令没有任何关系（虽然可能都是一个目录）。

本书的示例代码通常使用指令“content_by_lua_file”，配置是：[①]

```
location ~ ^/(\w+) {                          #使用正则表达式定义 location
  content_by_lua_file service/http/$1.lua;    #使用 URI 作为 Lua 文件名
}
```

当执行“curl 127.0.0.1/*xxx*”时，OpenResty 就会运行 service/http 目录里对应的 Lua 程序。

5.5.3 定时任务

接受请求发送响应是 Web Server 最主要的工作，也可以看成是服务器的“前台任务”。但在这些“前台任务”之外，还有很多与请求无关的“后台任务”需要处理，例如发送心跳、分析统计、更新内部数据等。

与 Linux 系统的 crontab 类似，OpenResty 使用“定时器”来周期性地（一次或多次）执行“后台任务”。它运行在请求处理流程之外，不占用请求的处理时间，所以可以把必须要做但又比较费时的工作加入定时器，让 OpenResty 在“后台”处理，提高整体的运行效率。

OpenResty 的定时器是一类特殊的阶段，阶段的名字是“timer”，但没有对应的 Lua 代码指令（即没有“timer_by_lua”）。这是因为定时器并不与请求处理流程关联，能够在任意时刻启动任意多个定时任务，所以需要以“ngx.timer.*”的功能接口形式使用。

有关定时器的详细介绍请参见 10.2 节。

5.5.4 流程图

OpenResty 的众多指令工作在不同处理阶段，图 5-2 表示了它们所在的阶段和执行的先后顺序，有助于我们更好地理解 OpenResty 的运行机制：

① 这只是本书为了方便做的配置，实际开发中需要对 URI 做检查，避免执行系统里的其他文件导致安全隐患。

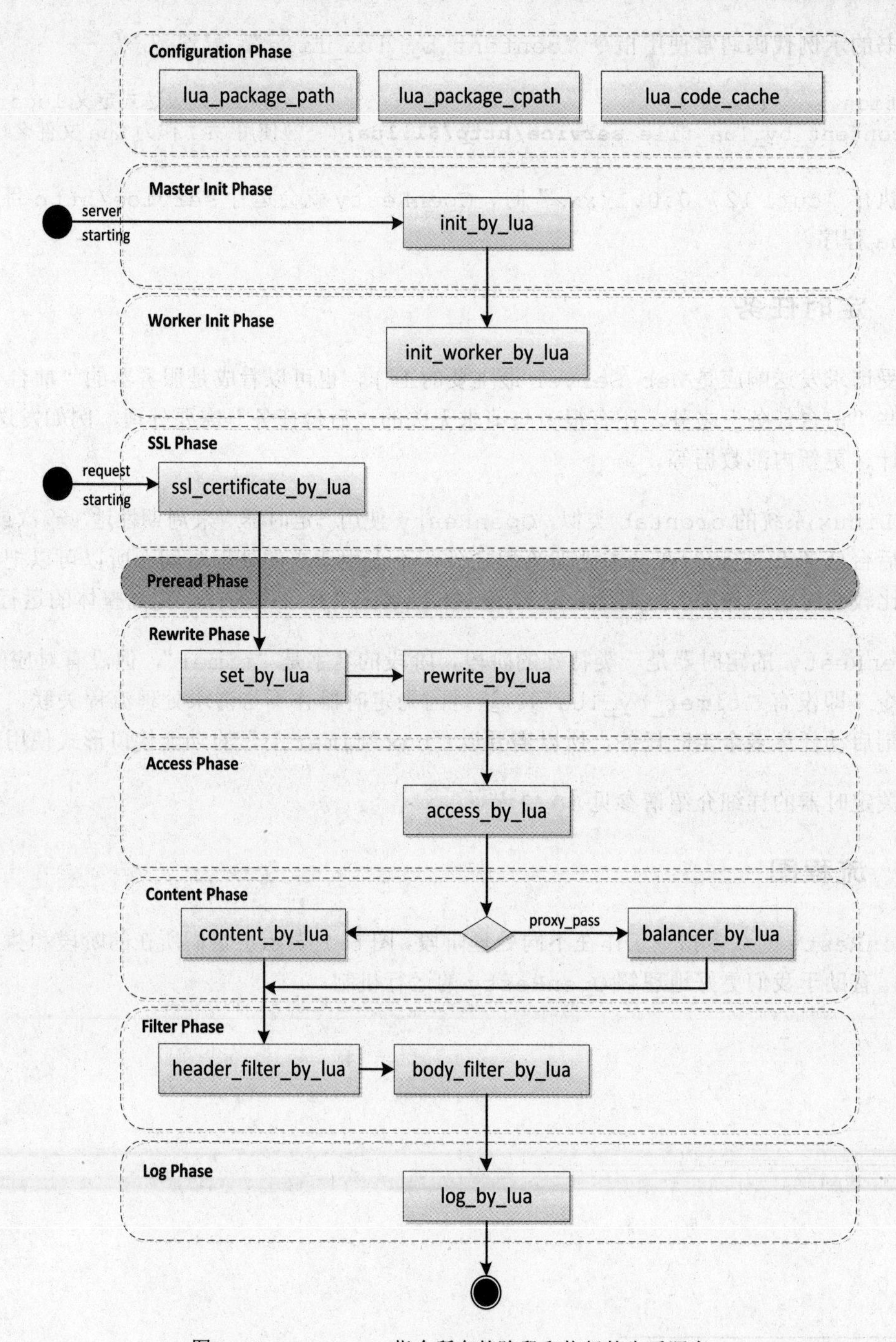

图 5-2 OpenResty 指令所在的阶段和执行的先后顺序

5.6 功能接口

OpenResty 为用户提供了上百个功能接口，可分为如下几类：

- 基础功能 ：系统信息、日志、时间日期、数据编码、正则表达式等功能；
- 高级功能 ：共享内存、定时器、轻量级线程、信号量等功能；
- 请求处理 ：处理 TCP/UDP/HTTP 协议，响应或拒绝请求；
- 访问后端 ：无阻塞地与各种后端服务通信（如 Redis、MySQL）；
- 反向代理 ：管理上游服务器集群，健康检查；
- 负载均衡 ：自定义负载均衡策略，选择上游服务器；
- 安全通信 ：SSL、OSCP、WAF 等密码、证书、安全相关功能。

这些接口大部分位于全局表 ngx 里，无须 require 即可访问（不过也有部分例外）。与 Lua 自带的标准库函数不同，它们基于 Nginx 的事件机制和 Lua 的协程特性，都是“100% nonblocking”的，能够让我们轻松编写出同步非阻塞的高效代码。[①]

受 Nginx 平台内部机制的约束，有的 OpenResty 功能接口在特定的执行阶段里无法使用，例如 cosocket（8.3 节）就不能在 init_by_lua/set_by_lua/log_by_lua 等里使用，但存在绕过这些限制的变通办法，通常是使用定时器在后台运行。

函数 ngx.get_phase 以字符串的形式返回当前代码所在的阶段，例如“init”“init_worker”“rewrite”“content”“timer”等：

```
rewrite_by_lua_block {                              -- rewrite 阶段
    assert(ngx.get_phase() == "rewrite")            -- 获取当前所在的处理阶段
}
```

本书接下来还会在示例代码里使用两个函数：ngx.print 和 ngx.say，它们的作用类似 Lua 标准函数 print，向客户端输出字符串，但 ngx.say 会自动添加一个换行符。

5.7 核心库

OpenResty 自带了很多 Lua 库（位于安装目录的 lualib 内），lua-resty-core 是其中最重要的一个，它使用 ffi 重新实现了 OpenResty 里原有的大多数函数，并增加了一些

---

① 由于表 ngx 里的接口多开销大，agentzh 有计划逐渐停止向 ngx 表里添加 API，而改用库的形式“按需”加载新的功能。

新的功能。[①]

lua-resty-core 库需要显式加载才能生效，使用指令“init_by_lua”，例如：

```
init_by_lua_block {                      -- 必须在 init 阶段初始化
    require "resty.core"                 -- 显式加载 resty.core 库
    collectgarbage("collect")            -- 要求 LuaVM 回收清理内存
}

init_by_lua_file service/http/init.lua;  #或者使用源码文件的方式
```

由于内部应用了 ffi 库，lua-resty-core 能够被 LuaJIT 优化编译为机器码，效率比传统的栈调用方式高很多，建议在 OpenResty 应用里总是启用 lua-resty-core 库。

5.8 应用开发流程

使用 OpenResty 开发 Web 应用可以简略地分为设计、开发、测试和调优四个基本步骤。

设计阶段

在设计阶段需要决策的是：

1) Web 服务的能力，例如 worker 进程数、最大并发数等；

2) Web 服务的协议和端口；

3) Web 服务的 URI（HTTP 协议）；

4) 执行业务逻辑的一个或多个阶段，如 init/rewrite/access/content 等；

5) 应用的目录结构，配置文件、程序文件的存放方式；

6) 如果可能的话设计对应的测试用例。

开发阶段

在开发阶段需要依据设计阶段形成的文档编写配置文件和 Lua 代码：

1) 在配置文件里定义 worker 进程数、单个 worker 的最大并发数；

2) 在配置文件里定义 http{}或 stream{}，提供 HTTP 或 TCP/UDP 服务；

---

① 早期的 lua-resty-core 库只能在 ngx_lua 里使用，在 1.13.6.1 版之后才支持 stream_lua。

3）在配置文件里定义 server{}，以及监听使用的端口号；

4）在配置文件里定义 location，配置要处理的 URI 入口；

5）在配置文件里使用 OpenResty 指令，配置运行的基本参数；

6）在配置文件里使用“*xxx*_by_lua”系列指令，根据需求编写 Lua 代码，调用 OpenResty 的“ngx.*”功能接口，实现业务。

测试和调优阶段

测试阶段需要验证开发出的应用是否能够正常运行，可以用 curl/nc 发送构造好的请求，检查返回的响应和日志是否符合预期，或者使用 resty-cli 编写测试用例，实现自动化测试。

调优阶段是测试阶段的延续，只有业务比较复杂，网络吞吐量很大时才有必要。常用的手段是使用一些工具进行压力测试，或者观察线上真实环境，使用 top、iostat、sar、systemtap 等工具检查 OpenResty 的内存、CPU、磁盘以及网络使用状况，结合日志分析，找出运行的瓶颈，调整 OpenResty 相关的配置参数、优化代码，然后再观察性能指标是否有改善，反复迭代，直至达到预期的目标。

5.9 总结

OpenResty 整合了 Nginx 和 Lua/LuaJIT，让我们能够使用简单的 Lua 语言操纵复杂的 Web 处理流程，开发出任意的 HTTP/TCP/UDP 应用服务。

OpenResty 的开发流程与其他编程语言有较大的差异。我们需要先编写配置文件，定义进程数量、端口、服务入口等基本信息，然后才是编写 Lua 程序代码。开发完成后的应用也不需要编译，直接部署后即可运行。

OpenResty 的开发框架非常清晰完善，把 Web 服务的生命周期和请求处理流程划分出了若干个阶段，分工明确，有利于程序的模块化。我们必须很好地理解这些阶段的含义和作用，结合自己的实际业务需求选择恰当的阶段。

OpenResty 为这些处理阶段提供了对应的“*xxx*_by_lua”指令，使用它们就可以插入 Lua 代码，调用内置的大量功能接口和函数库实现各种业务逻辑。常用的指令有“rewrite_by_lua”“access_by_lua”“content_by_lua”“log_by_lua”等，执行 URI 改写、访问控制、产生内容、记录日志等功能。

第 6 章 基础功能

OpenResty 使用的编程语言是 Lua，但 Lua 自身的功能集很小，仅凭它不足以开发出复杂的 Web 应用。

OpenResty 充分利用了 Lua 的高度灵活的扩展能力，通过 ngx_lua/stream_lua 模块挖掘出许多 Nginx 平台内部的功能，并包装为简单易用的接口，让我们能够在 Lua 脚本里轻松自如地操纵强大的 Nginx 服务器。

本章将介绍 OpenResty 应用开发必须的一些基础功能，如系统信息、日志、时间日期、编码格式转换、正则表达式等，它们大部分位于表 ngx 内，更高级的功能将在第 10 章讲解。

6.1 系统信息

OpenResty 在表 ngx.config 里提供了六个功能接口，可以获取自身的一些信息：①

- debug ：是否是 Debug 版本；
- prefix ：工作目录，也就是启动时“-p”参数指定的目录；
- nginx_version ：大版本号，即内部 Nginx 的版本号；
- nginx_configure ：编译时使用的配置参数；
- subsystem ：当前所在的子系统，取值为“http”或“stream”；
- ngx_lua_version ：当前所在子系统的版本号。

这几个功能接口都很简单，需要注意的是 prefix 和 nginx_configure 这两个接口是函数的形式，示例代码如下：

① 操作系统、硬件等信息可以使用 LuaJIT 的 jit 库获取，参见 4.3 节。

```
ngx.say(ngx.config.debug)                        -- 通常不是 Debug 版本
ngx.say(ngx.config.prefix())                     -- 工作目录，注意是函数调用
ngx.say(ngx.config.nginx_version)                -- 内部 Nginx 的版本号
ngx.say(ngx.config.nginx_configure())            -- 编译时的配置参数，注意是函数调用
ngx.say(ngx.config.subsystem)                    -- 当前所在的子系统
ngx.say(ngx.config.ngx_lua_version)              -- 当前所在子系统的版本号
```

如果我们编写的 OpenResty 应用依赖于某个特定的版本，或者要区分 http/stream 子系统，那么就可以使用这些功能接口在代码里做分支处理，例如：

```
if ngx.config.nginx_version < 1013006 then  -- 检查 OpenResty 的版本号
   error("needs latest openresty")           -- 低于 1.13.6.x 则不能运行
end

if ngx.config.ngx_lua_version < 10011 then  -- 检查 ngx_lua 的版本号
   error("needs latest ngx_lua")             -- 低于 0.10.11 则不能运行
end

if ngx.config.subsystem ~= 'http' then      -- 检查当前所在的子系统
   error("only works in http subsystem")     -- 如果不是 http 则不能运行
end
```

6.2 运行日志

函数 ngx.log(*log_level*, ...)记录 OpenResty 的运行日志，用法很类似 Lua 的标准库函数 print，可以接受任意多个参数，记录任意信息。

ngx.log 的第一个参数是日志级别，只有高于配置文件里“error_log”指令（参见 2.8.2 节）设定级别的消息才会被真正地写入日志（通常都是 error 级），取值从高到低是：

- ngx.STDERR　：日志直接打印到标准输出，最高级别的日志；
- ngx.EMERG　：发生了紧急情况（emergency），需要立即处理；
- ngx.ALERT　：发生严重错误，可能需要报警给运维系统；
- ngx.CRIT　：发生严重错误（critical）；
- ngx.ERR　：普通的错误，业务中发生了意外；
- ngx.WARN　：警告信息，业务正常，但可能要检查警告的来源；
- ngx.NOTICE　：提醒信息，仅仅是告知，通常可以忽略；
- ngx.INFO　：一般的信息；
- ngx.DEBUG　：调试用的信息，只有 debug 版本才会启用。

OpenResty 同时替换了全局函数 print，它等价于 ngx.log(ngx.NOTICE, ...)。

在实际开发中应当利用好 ngx.log，勤记日志，通常在业务逻辑的关键点用 INFO 或 NOTICE 级别，捕获异常或错误时用 ERR 级别，在调试程序时只要简单地变动配置文件里的 error_log 指令就能够输出更多的信息。[①]

不过 OpenResty 对日志消息长度有限制，上限约 2K 个字符，所以不能在日志里记录大段的文字，超长的字符串会被截断。在记录日志时也应当尽量少用字符串连接操作“..”，不仅可以节约内存，而且还避免了参数为 nil 时无法连接的错误。

ngx.log 用法示例如下（假设配置文件里的日志级别为 error）：

```
ngx.log(ngx.DEBUG, debug.traceback())              -- DEBUG 级别，最低，不记录
ngx.log(ngx.INFO, "hello openresty")               -- INFO 级别，不记录
print("NOTICE PLEASE")                             -- NOTICE 级别，不记录
ngx.log(ngx.WARN, "warning is ", "xxx")            -- WARN 级别，传递多个参数
ngx.log(ngx.ERR, "some error occured")             -- ERR 级别，记入日志
```

上面的代码中前四个 log 都不会写日志，只有最后一条才会记入日志，内容是：

```
2018/xx/xx 14:53:38 [error] 18309#0: *1 [lua] xxx.lua:24:
some error occured, client: 127.0.0.1, server: localhost,
request: "GET /sysinfo HTTP/1.1", host: "127.1"
```

在日志里可以看到很多有用的信息，如时间、进程号、Lua 源码文件名和行号、服务器和客户端地址、请求的 URI 等，利用好这些信息就可以较容易地定位错误的位置，修复 Bug。[②]

6.3 时间日期

对于 Web 服务器来说，随时能够获取正确的时间与日期是非常重要的，OpenResty 为此提供了很多时间日期相关函数，可以满足绝大多数应用场景。

这些时间日期函数不会引发昂贵的系统调用（除了 ngx.update_time），几乎没有成本，所以在我们的应用程序中应当尽量使用它们操作时间而不是 Lua 标准库里的 os.*。

---

① errlog 记录日志时是直接写磁盘的阻塞操作，没有缓冲等优化措施，所以仅应该用来记录必要的错误信息和调试，不应该在实际的生产环境中频繁地调用此接口写磁盘文件，否则会极大地拖累 OpenResty。

② OpenResty 自 1.11.2.5（ngx_lua 0.10.9）引入了处理 errorlog 的功能，可以用指令“lua_capture_error_log”配合 ngx.errlog 库实时捕获运行日志的输出，检查可能发生的错误。但其应用的场景较少，本书作者也没有实际使用过，故这里暂不做介绍。

6.3.1 当前时间

下面三个函数能够获取不同格式的当前时间：

- ngx.today ：本地时间，格式是“yyyy-mm-dd”，不含时分秒；
- ngx.localtime：本地时间，格式是“yyyy-mm-dd hh:mm:ss”；
- ngx.utctime ：UTC 时间，格式是“yyyy-mm-dd hh:mm:ss”。

函数的调用示例如下：

```
ngx.say(ngx.today())                    -- 输出 2018-01-08
ngx.say(ngx.localtime())                -- 输出 2018-01-08 14:09:17
ngx.say(ngx.utctime())                  -- 输出 2018-01-08 06:09:17
```

6.3.2 时间戳

获取当前的时间戳可以使用两个函数：

- ngx.time ：当前的时间戳，即 epoch 以来的秒数；
- ngx.now ：类似 ngx.time，但返回的是浮点数，精确到毫秒。

下面的代码示范了这两个函数的用法：

```
local secs  = ngx.time()                -- 取当前时间戳
local msecs = ngx.now()                 -- 取当前毫秒精度的时间戳
assert(msecs - secs < 1)                -- now()比 time()多了小数部分
```

在实践中我们通常使用 ngx.now 获取更精确的时间用来计时，但要注意它只能精确到毫秒级别，想要获取更高的精确度需要通过 ffi 库调用系统函数 gettimeofday()，参见 4.6 节。[①]

6.3.3 格式化时间戳

时间戳和字符串格式的时间可以互相转换，OpenResty 提供三个函数：

- ngx.http_time ：把时间戳转换为 http 时间格式；
- ngx.cookie_time ：把时间戳转换为 cookie 时间格式；
- ngx.parse_http_time ：解析 http 时间格式，转换为时间戳。

① ngx.time/ngx.now 功能基于系统时间，是“不稳定”的，如果 OpenResty 之外人为改动了系统时间，那么使用它们计时就毫无意义了。

示范函数用法的代码如下：

```
local secs = 1514880339                        -- 一个时间戳
ngx.say(ngx.http_time(secs))                   -- 转换为http时间格式
ngx.say(ngx.cookie_time(secs))                 -- 转换为cookie时间格式

local str = "Tue, 02 Jan 2018 08:05:39 GMT"    -- 一个http格式的时间
ngx.say(ngx.parse_http_time(str))              -- 转换为时间戳
```

6.3.4 更新时间

ngx.localtime/ngx.time/ngx.now 等函数获取的时间基于 OpenResty 内部缓存的时间，与实际时间相比可能存在微小的误差，如果想要随时获得准确的时间可以先调用函数 ngx.update_time，然后再调用时间函数，例如：

```
ngx.update_time()                  -- 强制更新内部缓存的时间
ngx.now()                          -- 之后就可以获得更准确的时间
```

ngx.update_time 会使用系统函数 gettimeofday()强制更新时间，成本较高，除非必要应当尽量少用。

6.3.5 睡眠

让程序短暂地“睡眠”是应用开发中的一个常见操作，常用来等待某项工作的完成。

ngx.sleep 是 OpenResty 提供的同步非阻塞的睡眠函数，可以“睡眠”任意的时间长度但不会阻塞整个服务，这时 OpenResty 会基于协程机制转而处理其他的请求，等睡眠时间到再“回头”继续执行 ngx.sleep 后续的代码。

ngx.sleep 的时间单位是秒，可以用小数指定更小的时间（最小是 0.001 秒，即 1 毫秒），例如：

```
ngx.sleep(1.0)                     -- 非阻塞睡眠1秒钟
ngx.sleep(0.02)                    -- 非阻塞睡眠20毫秒
ngx.sleep(0.001)                   -- 非阻塞睡眠1毫秒
```

OpenResty 也允许使用 ngx.sleep(**0**)，这表示当前的处理会临时让出程序的执行权，但等待的时间可能比 1 毫秒还要短，会很快继续运行（也就是通常所说的 yield）。

需要注意的是，ngx.sleep 在使用上有一些限制，不能在 init_by_lua/init_worker_by_lua/set_by_lua/header|body_filter_by_lua/log_by_lua 等执行阶段里调用。

6.4 数据编码

开发 Web 服务通常需要处理各种数据编码格式，OpenResty 目前内建支持的有 Base64 和 JSON 两种格式，并通过 opm 安装扩展库支持 MessagePack。

6.4.1 Base64

Base64 格式使用 64 个字符，可以把任意数据转换为 ASCII 码可见字符串，应用得非常普遍。OpenResty 使用 ngx.encode_base64 和 ngx.decode_base64 这两个函数实现了标准的 Base64 编码和解码：

```
local str = "1234"                    -- 待编码的字符串
local enc = ngx.encode_base64(str)    -- 编码为“MTIzNA==”
local dec = ngx.decode_base64(enc)    -- 解码还原
```

Base64 编码有一个“padding”特性，编码后长度不是 4 的倍数时会用“=”填补。向 ngx.encode_base64 传递第二个参数 no_padding 可以禁止填充，例如：

```
ngx.encode_base64(str, true)          -- 编码结果会是“MTIzNA”，注意无“=”
```

标准的 Base64 编码使用了字符“+”和“/”，不适合用在 HTTP 协议的 URL 里，因为“+”和“/”会被转换成“%2F”“%2B”导致编码损坏，所以 Base64 编码还有一种改进形式，它用“-”和“_”替代了“+”和“/”，也不使用“=”填补，可以安全地用在 URL 里。

OpenResty 在库 ngx.base64 里提供两个函数：encode_base64url 和 decode_base64-url，支持 Base64URL 编码，示例如下：

```
local b64 = require "ngx.base64"             -- 必须手工加载 base64 库

local str = "=>?@"                           -- 待编码的字符串
local enc_std = ngx.encode_base64(str)       -- 标准 Base64 编码
local enc_url = b64.encode_base64url(str)    -- 适合于 URL 的 Base64 编码
local dec = b64.decode_base64url(enc_url)    -- Base64URL 解码

ngx.say(enc_std)                             -- 输出“PT4/QA==”，有“=”填补
ngx.say(enc_url)                             -- 输出“PT4_QA”，注意使用了“_”
```

6.4.2 JSON

JSON 是一种基于纯文本的轻量级数据交换格式，起源于 JavaScript，但现在已经成为了所有应用开发的通用数据格式，比起庞大的 XML/SOAP，简单、易读易修改是它的最大特点。

OpenResty 使用 cjson 库操作 JSON 数据，它采用 C 语言实现，速度非常快。[①]

cjson 库里有两个模块："cjson"和"cjson.safe"，我们通常使用后者，顾名思义它更"安全"一些，当数据格式错误时不会导致 LuaVM 错误，而是返回 nil。

cjson 的基本用法很简单，首先要用 require 函数加载模块，然后调用 encode 对数据编码，decode 把数据解码为 Lua 表：

```
local cjson = require "cjson.safe"              -- 加载 cjson.safe 模块

local str = cjson.encode(                       -- 把 Lua 表编码为 JSON 字符串
        {name='jojo', cat = 'comic'})

local obj = cjson.decode(str)                   -- 解码字符串为 Lua 表

assert(obj.name == 'jojo')                      -- 检查解码的结果

obj = cjson.decode([[{"wrong":format"}]])       -- 错误格式的数据，引号不匹配
assert(not obj)                                 -- 返回值是 nil，不会报错
```

cjson 还有一些功能设置函数，可以调整编码解码的具体行为，常用的有：

- encode_empty_table_as_object ：空表编码为对象，否则为数组；
- empty_array ：编码时表示一个空数组；
- encode_number_precision ：设置数字的精确度，最多 16 个字符；
- encode_keep_buffer ：复用缓存提高性能，默认是 true；
- encode_max_depth ：编码的深度，默认是 1000；
- decode_max_depth ：解码的深度，默认是 1000。

这些函数的用法示例如下：

```
cjson.encode_empty_table_as_object(false)         -- 空对象将编码为数组
str = cjson.encode({})                            -- 结果是空数组"[]"

cjson.encode_empty_table_as_object(true)          -- 空对象将编码为对象
str = cjson.encode({a={},b=cjson.empty_array})  -- 结果是"{"a":{},"b":[]}"

cjson.encode_number_precision(5)                  -- 数字精度改为 5
str = cjson.encode({x=math.pi})                   -- 结果是"{"x":3.1416}"
```

① 在 GitHub 上有另一个 JSON 项目 lua-resty-json，据称解码速度比 cjson 还要快，但它并不含在 OpenResty 里，也未加入 opm 仓库。

对于“稀疏数组”这种比较特殊的数据，cjson 还另有数个相关函数，读者可以参考 GitHub 上的文档了解具体细节。

6.4.3 MessagePack

MessagePack 是一种二进制数据编码格式，与 JSON 相比更加小巧紧凑，适合序列化传输大批量的数据。和它类似的有 protobuf/Google 和 thrift/Facebook，但它不需要 Schema 定义，而且支持的编程语言更多。

在 OpenResty 里使用 MessagePack 需要使用 opm 安装库，本书使用的是“chronolaw/lua-resty-msgpack”，即：

```
opm search messagepack                          #搜索 MessagePack 库
opm get chronolaw/lua-resty-msgpack             #安装库
```

msgpack 库的用法与 cjson 类似，同样先用 require 加载，然后使用函数 pack 编码，unpack 解码：

```
local mp = require "resty.msgpack"              -- 加载 msgpack 库

local obj = {a=1, b=2, x="star"}                -- 一个 Lua 表
local enc = mp.pack(obj)                        -- MessagePack 编码
local dec = mp.unpack(enc)                      -- MessagePack 解码
```

实际开发中有时会把多个 MessagePack 编码的数据“串联”在一起传输，msgpack 库为此提供一个特别的函数 unpacker，它接受二进制字符串，然后返回一个迭代器，用户可以在 for 循环里逐个迭代解码，例如：

```
local a = 'hello'                               -- Lua 字符串
local b = {1,2,3}                               -- Lua 表
local c = 2.718                                 -- Lua 数字

local data = mp.pack(a)..mp.pack(b)..mp.pack(c)-- 逐个编码并连接字符串

for i,v in mp.unpacker(data) do                 -- 逐个解码字符串
  ngx.say("offset ", i, " is", v)               -- 输出偏移量和解码出的值
end
```

msgpack 库里也有一些函数用于调整编码解码的行为，如 set_number、set_array、set_string 等，都比较简单，通常我们无须特意设置。

6.5 正则表达式

正则表达式是处理文本的强大工具，可以用特定的规则来描述、匹配和检索字符串。

OpenResty 在表 ngx.re 里提供六个正则表达式相关函数，它们的底层实现是 PCRE 库，速度极快，完全可以代替 Lua 标准库的字符串匹配函数。[①]

这些正则表达式函数包括：

- match ：单次正则匹配，同时也会捕获子表达式；
- gmatch ：多次正则匹配（以迭代器的方式）；
- find ：同 match，但返回的是查找到的位置索引；
- sub ：正则替换；
- gsub ：多次正则替换；
- split ：正则切分。

因为正则表达式里经常会出现“\d”“\w”这样含有斜杠的规则，所以在使用这些函数时应当尽量使用“[[...]]”的方式书写规则，避免转义符带来的困扰。

早期的 ngx.re.*系列函数不能在“init_by_lua”阶段里使用（报错“no request object found”），但现在只要加载 lua-resty-core 库后就可以解除这个限制。

6.5.1 配置指令

OpenResty 提供两个指令用于优化正则表达式的性能。

lua_regex_cache_max_entries *num*

OpenResty 会把程序里出现的正则表达式编译后缓存备用（使用“o”选项），这个指令确定了能够缓存的最多数量，默认是 1024 个。如果我们的程序里大量使用了正则表达式，那么就应该在配置文件里用它增大可缓存的数量。

lua_regex_match_limit *num*

设置正则表达式匹配时回溯（backtraking）的最大次数，可以把它设置的小一些以提高运行效率。参数 *num* 的默认值是 0，表示 OpenResty 将使用 PCRE 的默认值 10'000'000（一千万）。

---

① ngx.re 里还有一个 opt 函数用来调整内部的 PCRE 引擎设置，但还不太完善，故本书暂未介绍。

6.5.2 匹配选项

OpenResty 的正则表达式函数都有一个名为 options 的参数，它是一个字符串，用来定制匹配行为：

- a ：“锚定”模式，仅从最开始的位置匹配；
- d ：启用 DFA 模式，确保匹配最长的可能字符串；
- D ：允许重复的命名捕获（duplicate named pattern）；
- i ：忽略大小写，即大小写不敏感；
- j ：启用 PCRE-JIT 编译，通常与“o”联用；
- J ：兼容 JavaScript 的正则表达式语法；
- m ：多行模式；
- o ：正则表达式仅编译一次（compile once），随后缓存；
- s ：单行模式；
- u ：支持 UTF-8 编码；
- U ：同“u”，但不验证 UTF-8 编码的正确性；
- x ：启用“扩展”模式，类似 Perl 的“/x”。[①]

这些参数字符可以联合使用，同时指定多个功能，例如：

```
ngx.re.match(str, [[\w+]], "ad")                -- DFA 模式从最开始匹配
ngx.re.match(str, [[\w+z]], "ijo")              -- 忽略大小写，编译并缓存
ngx.re.match(str, [[z.\d+(?#xxx)]], "ijox")     -- 扩展模式，表达式里添加了注释
```

实际开发中最常用的参数是“jo”或“ijo”，启用 PCRE JIT 编译和缓存，加快正则表达式的处理速度。

不过对于正则替换（sub 和 gsub）最好不要使用“o”选项，因为替换操作的正则表达式是动态产生的，随时变化，缓存没有意义而且会很快达到 lua_regex_cache_max_entries 的上限。

6.5.3 匹配

正则匹配有两个函数：ngx.re.match 和 ngx.re.gmatch。

单次匹配

ngx.re.match 是最常用的正则表达式函数，形式是：

---

① Perl 正则表达式使用“(?)”的格式提供一些标准之外的功能，例如“(?#...)”表示注释。

```
captures, err = ngx.re.match(subject, regex, options, ctx, res)
```

函数在字符串 subject 里使用正则表达式 regex 查找“第一个”匹配，结果保存在表 captures 里，captures[0]是匹配的整个字符串，captures[*n*]是匹配的子表达式。如果未找到匹配或者出错，那么 captures 就是 nil，err 是错误信息。

参数 subject 和 regex 是必须的，而后三个 options、ctx 和 res_table 都可以省略，它们的含义是：

- options：设置正则匹配的模式，见 6.5.2 节；
- ctx　　：一个表，目前仅用 ctx.pos 设置匹配的起始位置，并存储匹配后的位置；
- res　　：存储所有匹配的结果，相当于返回值 captures，有利于重用内存。

ngx.re.match 的用法示例如下：

```
local str = "abcd-123"                          -- 一个字符串

local m = ngx.re.match(                         -- 正则匹配，返回一个匹配结果表
            str, [[\d{3}]], "jo")               -- 查找三个数字，编译并缓存
assert(m and m[0] == "123")                     -- 匹配成功，匹配结果存储在表里

local m = ngx.re.match(                         -- 正则匹配，使用了子表达式
            str, "(.*)123$", "jo")              -- 匹配"123"结尾的字符串，编译并缓存
assert(m and m[1] == "abcd-")                   -- 匹配成功，子表达式存储在表里

local m = ngx.re.match(                         -- 正则匹配，返回一个匹配结果表
            str, "[A-Z]+", "jo")                -- 查找大写字母，编译并缓存
assert(not m)                                   -- 匹配失败，结果是 nil
```

参数 ctx 和 res 的用法示例如下：

```
local ctx = {pos = 7}                           -- 设置查找从位置 7 开始
local m = ngx.re.match(                         -- 正则匹配
            str, "[0-9]", "", ctx)              -- 查找一个数字，传入 ctx 参数
assert(m[0] == "2" and ctx.pos == 8)            -- 匹配成功，匹配后的位置是 8

local tab_clear = require "table.clear" -- 使用 LuaJIT 的 table.clear 函数
tab_clear(m)                                    -- 优化内存使用，重用表 m，之前需要先清空
ctx.pos = 1                                     -- 查找改从位置 1 开始，即从头查找

ngx.re.match(                                   -- 正则匹配
      str, "(.*)-(.*)$", "", ctx, m)            -- 结果存放在参数 m 里，不使用返回值
assert(m and m[2] == "123")                     -- 匹配成功，结果与返回值用法相同
```

多次匹配

ngx.re.gmatch 可以执行多次正则匹配，与 ngx.re.match 很类似：

```
iterator, err = ngx.re.gmatch(subject, regex, options)
```

它返回的是一个迭代器，用户可以反复执行这个迭代器，查找出字符串里所有可能的匹配结果。如果没有匹配，那么迭代器就是 nil。

ngx.re.gmatch 的用法如下：

```
local str = "127.0.0.1,123,456,789"         -- 一个字符串

local iter, err = ngx.re.gmatch(            -- 多次匹配，返回的是迭代器
        str, [[([0-9\.]+),?]], "ijo")       -- 查找类似 IP 地址的字符串
if not iter then                            -- 检查是否匹配成功
   return                                   -- 匹配失败则退出运行
end

while true do                               -- 在 while 循环里使用迭代器
   local m, err = iter()                    -- 迭代器返回匹配结果
   if not m or err then                     -- 无匹配或者出错则退出循环
      break
   end

   print("get : ", m[1])                    -- 匹配结果也存储在表里
end
```

6.5.4　查找

正则查找函数 ngx.re.find 的功能与 ngx.re.match 基本相同，形式是：

```
from, to, err = ngx.re.find(subject, regex, options, ctx, nth)
```

但它返回的不是匹配的结果，而是两个位置索引，因为不生成结果表所以比 ngx.re.match 的成本要低，在仅判断是否存在子串的时候更加合适，例如：

```
local found = ngx.re.find(                  -- 正则查找
                      str, "123", "jo")     -- 查找数字"123"
assert(found)                               -- 检查是否找到

local from, to = ngx.re.find(               -- 正则查找
          str, [[\d+]], "jo")               -- 查找数字
assert(string.sub(str, from) == "123")      -- 可以使用返回的索引位置取子串
```

参数 *nth* 会令函数返回第 *nth* 个子表达式的位置（注意不是第 *nth* 个匹配）：

```
local from, to = ngx.re.find(                   -- 正则查找
      str, [[(\d)(\d+)]], "", nil, 2)           -- 查找两个子表达式
assert(string.sub(str, from) == "23")           -- 返回的是第二个子表达式
```

6.5.5 替换

正则替换也有两个函数：ngx.re.sub 和 ngx.re.gsub，我们在使用时最好不要加“o”选项（原因见 6.5.2 节）。

单次替换

ngx.re.sub 的形式是：

```
newstr, n, err = ngx.re.sub(subject, regex, replace, options)
```

函数在 subject 里查找匹配 regex 的第一个字符串，然后把它替换成参数 replace。因为在 Lua 里字符串是不可修改的，所以它返回替换后的新字符串 newstr 和成功替换的次数 n。ngx.re.sub 只执行一次替换，所以 n 通常总是 1。

参数 replace 可以是单纯的字符串，也可以是含有前向捕获的正则表达式，$0 表示匹配的整个字符串，$1 表示第一个子表达式，以此类推：

```
local str = "abcd-123"                          -- 一个字符串
str = ngx.re.sub(str, "ab", "cd")               -- 正则替换，简单地把 ab 替换成 cd
assert(str == "cdcd-123")                       -- 替换的结果是"cdcd-123"

str = ngx.re.sub(                               -- 正则替换，使用前向捕获的子表达式
  str, [[(\w+)-(\d+)]], "($1)($2)($1)") -- 结果是“(cdcd)(123)(cdcd)”
```

如果要替换的字符串里需要使用“$”，那么可以用“$$”来表示：

```
str = ngx.re.sub(str, [[\w+]], "$$")     -- 替换第一个匹配，“($)(123)(cdcd)”
```

replace 还可以是一个函数，函数的入口参数是匹配表（相当于 ngx.re.match 的结果），这样就可以在函数里做更复杂的替换操作，例如：

```
local func = function(m)                        -- 定义一个替换函数
  return "**" .. m[0] .. "**"                   -- 操作匹配结果表，这里只是简单的连接
end

str = ngx.re.sub(                               -- 使用函数执行正则替换
     str, [[\d+]], func)                        -- 结果是“($)(**123**)(cdcd)”
```

多次替换

ngx.re.gsub 是 ngx.re.sub 的增强版，可以执行多次正则替换：

```
newstr, n, err = ngx.re.gsub(subject, regex, replace, options)
```

它的参数和返回值的含义与 ngx.re.sub 完全相同，唯一的区别是会对 subject 里所有匹配 regex 的字符串执行替换操作。

ngx.re.gsub 的用法示例如下：

```
local str = "abcd-123"                      -- 一个字符串
str = ngx.re.gsub(                          -- 多次正则替换
      str, "[a-z]{2}", "xyz")               -- 结果是“xyzxyz-123”

str = ngx.re.gsub(str, [[\w+]],             -- 多次正则替换，直接写替换函数
 function(m) return "("..m[0]..")" end) -- 结果是“(xyzxyz)-(123)”
```

6.5.6 切分

正则切分函数 split 是 lua-resty-core 库的一部分，能够非常轻松地切分字符串，但它不内置在 ngx.re 表内，必须显式加载 ngx.re 模块才能使用，形式是：

```
local ngx_re_split = require("ngx.re").split    -- 显式加载 ngx.re 模块
res, err = ngx_re_split(subject, regex, options, ctx, max, res)
```

函数以 regex 作为“分隔符”，将 subject 切分成若干个小字符串，放置在数组 res 里，例如：

```
local str = "a,b,c,d"                           -- 一个字符串

local res = ngx_re_split(str, ",")              -- 使用","切分字符串，函数需提前加载
assert(res and #res == 4)                       -- 切分成功，有 4 个结果
assert(res[1] == 'a' and res[4] == 'd')         -- 检查切分的结果
```

split 还有四个额外参数，其中的 options、ctx、res 的含义同 ngx.re.match，而参数 max 会要求函数切分出最多 max 个结果，即执行 max-1 次的匹配动作，在已知可能的字串数量的时候可以提前结束匹配，提高效率：

```
local res = ngx_re_split(                       -- 使用","切分字符串，需提前加载
            str, ",", nil, nil, 2)              -- 把字符串切分成两部分
assert(res and #res == 2)                       -- 切分的结果是['a', 'b,c,d']
```

6.6 高速缓存

Cache（高速缓存）是构建计算机软硬件系统时常用的一种手段，它保存了频繁访问的数据，从而缩减了高速上层访问低速下层的时间，能够提高系统的整体运行效率。

Cache 的容量通常都是有限的，需要使用某种算法更新淘汰数据，较常见的有 FIFO、LFU、LRU 等，OpenResty 基于 LRU 算法提供了一个方便易用的 Cache 库 lua-resty-lrucache，并且支持过期时间功能（expire）。

lua-resty-lrucache 库内部有两个模块：“resty.lrucache”和“resty.lrucache.pureffi”，必须使用 require 加载后才能使用，例如：

```
local lrucache = require "resty.lrucache"  -- 加载 lrucache 库
```

两个模块的功能和接口完全相同，但适合的应用场景不同：“resty.lrucache”适用于高命中率低更新率的场景，而“resty.lrucache.pureffi”则正相反，适用于低命中率高更新率的场景。

由于这两个模块在使用上没有任何区别，故以下介绍均以“resty.lrucache”为准。

6.6.1 创建缓存

可以使用 new 函数在应用里创建多个 Cache 实例，用于不同的缓存需求：

```
cache, err = lrucache.new(max_items)          -- 创建一个容量为 max_items 的缓存
```

函数执行成功后会返回 cache 对象，最多能够容纳 max_items 个元素，多出的元素将使用 LRU 算法淘汰。要注意的是 cache 对象只能在本进程内使用，不能在多个进程间共享。

为了方便 cache 对象在进程里全局可用，通常会把它包装为一个模块的私有成员（require 加载后只会有唯一实例），或者直接把它存入 package.loaded 表，例如：

```
local lrucache = require "resty.lrucache"  -- 加载 lrucache 库

local urls, err = lrucache.new(100)        -- 最多存放 100 个元素的缓存
if not urls then                           -- 检查是否创建成功
   ngx.say(err);return                     -- 失败则输出错误信息
end

package.loaded.urls = urls                 -- 直接存入 package.loaded 表备用
```

6.6.2 使用缓存

cache 对象的功能接口十分简单易用，提供基本的 set/get/delete 等操作，用起来就像是一个 Key-Value 的散列表，缓存内的元素也可以是任何 Lua 数据（数字、字符串、函数、表等），无须序列化或反序列化。

set

set 方法向缓存里添加一个元素：

```
cache:set(key, value, ttl)                    -- 向缓存添加元素
```

添加元素时可以用参数 ttl 指定过期时间，单位是秒，如果不提供 ttl 那么就永不过期（但仍然会被 LRU 算法淘汰）。

get

get 方法使用 key 从缓存里获取一个元素：

```
data, stale_data = cache:get(key)             -- 从缓存获取元素
```

如果 key 对应的 value 在缓存里不存在或已过期，那么 data 就是 nil。如果 key 存在但已过期，那么 data 仍然是 nil，但第二个返回值 stale_data 会返回过期的数据（相当于 get_stale），用户可以根据实际情况决定是否使用这个“陈旧”的数据。

delete/flush_all

delete 方法可以手动删除一个元素，而 flush_all 可以快速清空缓存内的所有元素：

```
cache:delete(key)                             -- 删除缓存里的一个元素
cache:flush_all()                             -- 快速清空缓存内的所有元素
```

示例

cache 对象很容易使用，下面的代码示范了这些接口的用法（注意使用“:”调用方法）：

```
urls:set('github', 'www.github.com')          -- 添加一个字符串
urls:set('apple', 'www.apple.com', 0.1)       -- 添加一个字符串元素，0.1 秒后过期
urls:set('nginx',{https=true})                -- 添加一个元素，类型是表

local v = urls:get('github')                  -- 获取元素

ngx.sleep(0.15)                               -- 非阻塞睡眠 0.15 秒
local v, stale = urls:get('apple')            -- 获取已过期的元素
assert(not v and stale)                       -- 第二个返回值得到“陈旧”的数据
```

```
urls:delete('nginx')                       -- 删除一个元素
assert(not urls:get('nginx'))              -- 获取的结果是 nil

urls:flush_all()                           -- 快速清空缓存
```

6.7 总结

OpenResty 通过 ngx_lua 模块为我们提供了大量的功能接口，本章讲解了其中最基础的一些功能，除了 ngx.sleep 都可以在任意的执行阶段调用。

ngx.config 可以获取环境相关信息，如版本号、工作目录、子系统等，通常用于检测 OpenResty 运行环境，做简单的分支判断。

ngx.log 可以记录运行日志，它的用法类似标准库函数 print，但多了个日志级别参数。在实际开发中应当利用 ngx.log 勤记日志，方便 Debug 排查错误。

OpenResty 里处理时间日期很容易，可以获取当前日期/时间戳、转换日期格式、非阻塞睡眠等，函数没有底层系统调用的成本，效率比 Lua 标准库高很多，所以在编写代码时应当多加使用。

OpenResty 也支持很多种数据编码格式，本章只介绍了三种较常见的格式：Base64、JSON 和 MessagePack，它们的编码解码操作都很容易使用。

OpenResty 基于 PCRE 库提供强大高效的正则表达式功能，能够执行匹配、查找、替换、切分等多种操作。在书写正则表达式时应该尽量使用“[[...]]”的方式，避免转义符导致的困扰。为了优化性能，还应该总使用“jo”选项启用 PCRE JIT 编译和缓存（sub/gsub 除外），并在指令“lua_regex_cache_max_entries”里设置足够大的缓存数量。

本章的最后我们研究了 OpenResty 的高速缓存，它可以存储任意的 Lua 数据，使用 LRU 算法淘汰数据，支持过期时间，可以用在非常多的地方缓存数据来提高系统性能。

第 7 章

HTTP服务

基于高效的 Nginx 平台和小巧紧凑的 Lua 语言，我们可以在 OpenResty 里以脚本编程的方式轻易构建出高性能的 HTTP 服务，实现 Web 容器和 RESTful 应用架构。

开发一个 Web 服务很容易，但开发一个高性能的 Web 服务却很难。OpenResty 完美地结合了 Nginx 的事件驱动机制和 Lua 的协程机制，所有的函数都是同步非阻塞的，处理请求时不需要像其他语言那样编写难以理解的异步回调函数，自然而且高效。

OpenResty 诞生之初的目标就是要方便快捷地开发 HTTP 服务，所以 HTTP 相关的功能接口也是最多的，本章就将详细讲解这方面的知识。

7.1 简介

HTTP 应用服务的基本逻辑相当简单，就是接收请求然后发送响应，但 HTTP 协议很庞大，包含很多的细节，完整地实现 HTTP 协议并非易事。

OpenResty 基于 Nginx 提供了非常完善的 HTTP 处理功能，可以任意操作请求行、请求头、请求体、响应头、响应体，也支持 chunked、keepalive、lingering_close 等特性。

由于要处理 HTTP 请求，所以本章里的功能接口都不能在"init_by_lua""init_worker_by_lua"和"timer"这几个阶段里使用（因为这些阶段与请求处理无关），部分函数也不能在"ssl_certificate_by_lua"里使用（因为还没有建立连接）。

开发 HTTP 服务主要用到的执行阶段有：

- set_by_lua　　　　：改写 Nginx 变量，相当于 set；
- rewrite_by_lua　　：改写 URI，可用于实现跳转/重定向；

- access_by_lua　　　　：多用于处理访问控制或限速；
- content_by_lua　　　：最常用的阶段，产生响应内容；
- header_filter_by_lua：加工处理响应头，过滤数据；
- body_filter_by_lua　：加工处理响应体，可附加额外内容；
- log_by_lua　　　　　：记录日志、统计分析或其他的收尾工作。

这些阶段在处理 HTTP 请求时是顺序依次执行的，可参考 5.5.3 节的流程图选择合适的阶段实现业务逻辑。

7.2　配置指令

以下八个指令可以用在配置文件的 http{} 里调整 OpenResty 处理 HTTP 请求时的行为。

lua_use_default_type *on | off*

在发送响应数据时是否在响应头字段“Content-Type”里使用默认的 MIME 类型，通常应设置为 on。

lua_malloc_trim *num*

设置清理内存的周期，参数 *num* 是请求的次数。当处理了 *num* 个请求后 OpenResty 就会调用 libc 函数 malloc_trim，把进程内的空闲内存归还给系统，从而最小化内存占用。

参数 *num* 的默认值是 1000，也就是说每 1000 个请求就会执行一次内存清理，读者应根据自己系统的实际情况设定 num。如果系统的内存足够大，或者不关心 OpenResty 的内存占用，那么可以设置为 0，这将禁用内存清理。

lua_need_request_body *on|off*

是否要求 OpenResty 在开始处理流程前强制读取请求体数据，默认值是 off，即不会主动读取请求体。

不建议把指令置为 on 状态，这将会增加无谓的读取动作，降低 OpenResty 的运行效率，应当使用 7.8 节里的 ngx.req.read_body 系列函数，它们可以按需读取数据，更加灵活。

lua_http10_buffering *on|off*

启用或禁用 HTTP 1.0 里的缓冲机制，默认值是 on。

这个指令仅是为了兼容 HTTP 1.0/0.9 协议，由于目前 HTTP 1.1 基本已经全面普及，建议把它置为 off，可以加快 OpenResty 的处理速度。

rewrite_by_lua_no_postpone *on|off*

是否让“rewrite_by_lua”在 rewrite 阶段的最后执行，默认值是 off，即“rewrite_by_lua”里的 Lua 代码将在其他 Nginx rewrite 功能模块之后执行。

除非有特殊需要或者对 OpenResty 的执行阶段有透彻理解，建议使用默认值 off。

access_by_lua_no_postpone *on|off*

是否让“access_by_lua”在 access 阶段的最后执行，默认值是 off，即“access_by_lua”里的 Lua 代码将在其他 Nginx access 功能模块之后执行。

与前一条指令一样，除非有特殊需要，建议使用默认值 off。

lua_transform_underscores_in_response_headers *on|off*

是否把 Lua 代码里响应头名字的“_”转换成“-”，默认值是 on，建议保持默认值。

lua_check_client_abort *on|off*

是否启用 OpenResty 的客户端意外断连检测，默认值是 off。

如果打开此指令，则需要在 Lua 程序里编写一个 handler 来处理断连，参见 7.12 节。

7.3 常量

OpenResty 使用一些常量来表示 HTTP 状态码和请求方法，这些明确命名的常量会让代码更具可读性。

7.3.1 状态码

状态码表示 HTTP 请求的处理状态，目前 RFC 规范里有一百多个，在 OpenResty 里只定义了少量最常见的，例如：

- ngx.HTTP_OK　　：200，请求已成功处理；
- ngx.HTTP_MOVED_TEMPORARILY　　：302，重定向跳转；
- ngx.HTTP_BAD_REQUEST　　：400，客户端请求错误；
- ngx.HTTP_UNAUTHORIZED　　：401，未认证；
- ngx.HTTP_FORBIDDEN　　：403，禁止访问；
- ngx.HTTP_NOT_FOUND　　：404，资源未找到；

- ngx.HTTP_INTERNAL_SERVER_ERROR：500，服务器内部错误；
- ngx.HTTP_BAD_GATEWAY：502，网关错误，反向代理后端无效响应；
- ngx.HTTP_SERVICE_UNAVAILABLE：503，服务器暂不可用；
- ngx.HTTP_GATEWAY_TIMEOUT：504，网关超时，反向代理时后端超时。

当然，在编写代码时不使用这些常量，直接用 200、404 这样的数字字面值也是可以的，两者完全等价，OpenResty 对此没有强制要求。

7.3.2 请求方法

HTTP 协议里有 GET/POST/PUT 等方法，相应地 OpenResty 也定义了这些常量，例如：

- ngx.HTTP_GET：读操作，获取数据；
- ngx.HTTP_HEAD：读操作，获取元数据；
- ngx.HTTP_POST：写操作，提交数据；
- ngx.HTTP_PUT：写操作，更新数据；
- ngx.HTTP_DELETE：写操作，删除数据；
- ngx.HTTP_PATCH：写操作，局部更新数据。

要注意的是这些常量并不是字符串，而是数字，主要用于 7.6 节的 ngx.req.set_method 和 8.2 节的 ngx.location.capture。

7.4 变量

OpenResty 使用表 ngx.var 操作 Nginx 变量，里面包含了所有的内置变量和自定义变量，可以用名字直接访问。

利用好 ngx.var 能够获取 OpenResty 里的很多信息，例如请求地址、请求参数、请求头、客户端地址、收发字节数等（可参考 Nginx 文档或 restydoc）。

7.4.1 读变量

ngx.var 读取 Nginx 变量非常容易，“.”或“[]”的用法都允许，示例如下：[1]

```
ngx.say(ngx.var.uri)                    -- 输出变量$uri，请求的URI
ngx.say(ngx.var['http_host'])           -- 输出变量$http_host，请求头里的host
```

---

[1] 注意在检查是否有 uri 参数时用的是“#ngx.var.is_args > 0”的方式，因为$is_args 是字符串，不是 nil 或 false，Lua 里判断空字符串只能用检查长度的方式。

```
assert(not ngx.var.xxx)                  -- 变量$xxx不存在，所以是nil

if #ngx.var.is_args > 0 then             -- 检查是否有URI参数，$is_args
   ngx.say(ngx.var.args)                 -- 输出URI里的参数，$args
end

local str = "$http_host:$server_port"    -- 一个包含多个变量的字符串

str = ngx.re.gsub(str, [[\$(\w+)]],      -- 使用正则替换
        function(m)                      -- 替换时使用函数操作
          return ngx.var[m[1]] or ""     -- 在ngx.var表里查找变量
        end, "jo")
```

要当心的是所有的变量类型都是字符串——即使它表现为数字：

```
type(ngx.var.request_length)             -- $request_length的类型是string
```

在 Lua 代码里如果要把它们与数字做运算必须调用 tonumber 转换，否则会发生错误。

ngx.var.*xxx* 虽然很方便，不过每次调用都会有一点点的额外开销（内部分配少量内存），所以不建议过度使用，应当尽量使用 OpenResty 里等价的功能接口，如果必须要使用则最好 local 化暂存，避免多次调用，例如：

```
local uri = ngx.var.uri                  -- local化，避免多次调用ngx.var
```

7.4.2 写变量

Nginx 内置的变量绝大多数是只读的，只有$args、$limit_rate 等极少数可以直接修改，强行修改只读变量会导致程序运行错误：

```
ngx.var.limit_rate = 1024*2              -- 改写限速变量为2K
ngx.var.uri = "unchangeable"             -- 不可修改，会在运行日志里记录错误信息
```

配置文件里使用 set 指令自定义的变量是可写的，允许任意赋值修改，由于变量在处理流程中全局可见，所以我们可以利用它来在请求处理的各个阶段之间传递数据（作用类似 7.5.3 节的 ngx.ctx），例如：

```
-- 之前使用指令"set $new_log_var """定义了一个Nginx变量
ngx.var.new_log_var = "log it"           -- 修改变量，可在之后的log等阶段里使用
```

"set_by_lua"是另一种改写变量的方式，它类似指令 set 或 map，但能够使用 Lua 代码编写复杂的逻辑赋值给变量：

```
set_by_lua_block $var {                  -- 赋值给变量$var
   local len = ngx.var.request_length    -- 获取请求长度$request_length
```

```
    return tonumber(len)*2                    -- 加倍后赋值
}
```

不过本书不建议使用“set_by_lua”，它的限制较多（阻塞操作，一次只能赋值一个变量，不能使用cosocket等），使用“set指令+ngx.var接口”的方式更加灵活。[①]

7.5 基本信息

通常我们的程序是从Rewrite阶段才开始处理请求，而在这之前的Preread阶段OpenResty已经“预先”从客户端获取了一些基本的信息，包括来源、起始时间和请求头文本，并准备了一个存放临时数据的位置供我们随后使用。

7.5.1 请求来源

函数ngx.req.is_internal用来判断本次请求是否是由“外部”发起的：

```
is_internal = ngx.req.is_internal()        -- 检查是否是一个“内部”请求
```

如果本次请求不是由服务器以外的客户端发起，而是内部的流程跳转（7.12.1节）或者子请求（8.2节），那么函数的返回值就是true。

7.5.2 起始时间

函数ngx.req.start_time可以获取服务器开始处理本次请求时的时间戳，精确到毫秒，使用它可以随时计算出请求的处理时间，相当于$request_time但更廉价。例如：

```
local request_time = ngx.now() - ngx.req.start_time()
```

7.5.3 请求头

函数ngx.req.raw_header可以获得HTTP请求头的原始文本：

```
local h = ngx.req.raw_header()             -- 获取请求头原始字符串
```

利用正则表达式等工具可以解析字符串，从中提取出各种信息，不过使用后面OpenResty提供的专用功能接口会更好。

---

① 在“set_by_lua”指令的代码字符串后面还可以跟多个参数，并在Lua代码里用ngx.arg[n]来访问，因本书不推荐使用此指令，故不做过多介绍。

7.5.4 暂存数据

OpenResty 把请求处理划分成“rewrite”“access”“content”等若干个阶段，每个阶段执行的都是彼此独立的程序，由于作用域的原因内部变量不能共用，如果想要在各个阶段间传递数据就需要使用 ngx.ctx，它比仅能存储字符串的 ngx.var.xxx 更灵活。

OpenResty 为每个 HTTP 请求都提供一个单独的表 ngx.ctx，在整个处理流程中共享，可以用来保存任意的数据或计算的中间结果，例如：

```
rewrite_by_lua_block {                      -- rewrite 阶段
    local len = ngx.var.content_length      -- 使用变量获取文本长度
    ngx.ctx.len = tonumber(len)             -- 转换为数字，存入 ctx 表
}
access_by_lua_block {                       -- access 阶段
    assert(not len)                         -- rewrite 阶段的 len 变量不可用
    assert(ngx.ctx.len)                     -- ngx.ctx 里的 len 变量可以共享使用
}
content_by_lua_block {                      -- content 阶段
    ngx.say(ngx.ctx.len)                    -- ngx.ctx 里的变量在其他阶段仍然可用
}
```

但 ngx.ctx 的成本较高，应当尽量少用，只存放少量必要的数据，避免滥用。

7.6 请求行

HTTP 请求行里的信息包括请求方法、URI、HTTP 版本等，可以用 ngx.var 获取，例如：

- $request ：完整的请求行（包含请求方法、URI、版本号等）；
- $scheme ：协议的名字，如“http”或“https”；
- $request_method ：请求的方法；
- $request_uri ：请求的完整 URI（即地址+参数）；
- $uri ：请求的地址，不含“?”及后面的参数；
- $document_uri ：同$uri；
- $args ：URI 里的参数，即“?”后的字符串；
- $arg_xxx ：URI 里名为“xxx”的参数值。

因为 ngx.var 的方式效率不高，而且是只读的，所以 OpenResty 在表 ngx.req 里提供了数个专门操作请求行的函数。

这些函数多用在“rewrite_by_lua”阶段，改写 URI 的各种参数，实现重定向跳转。

7.6.1　版本

函数 ngx.req.http_version 以数字形式返回请求行里的 HTTP 协议版本号，相当于$server_protocol，目前的可能值是 0.9、1.0、1.1 和 2。

7.6.2　方法

函数 ngx.req.get_method 和 ngx.req.set_method 相当于变量 $request_method，可以读写当前的请求方法。但两者的接口不太对称，前者的返回值是字符串，而后者的参数却不能用字符串，只能使用 7.3.2 节的数字常量：

```
ngx.say(ngx.req.get_method())           -- 输出请求方法的名字，字符串
assert(ngx.req.get_method() ==           -- 函数等价于变量$request_method
        ngx.var.request_method)

ngx.req.set_method(ngx.HTTP_POST)        -- 改写请求方法，必须使用命名常量
```

目前 OpenResty 尚无计划为 ngx.req.set_method 添加字符串参数的支持，但这一点并不难做到，只需要用一个表实现字符串到数字常量的映射就可以了，例如：

```
local methods = {GET=ngx.HTTP_GET,       -- 把字符串映射到数字常量
                 POST=ngx.HTTP_POST, ...}
ngx.req.set_method(methods["POST"])      -- 传递参数时查表转换
```

7.6.3　地址

函数 ngx.req.set_uri 用于改写请求行里的“地址”部分（即$uri），形式是：

```
ngx.req.set_uri(uri, jump)               -- 改写请求行里的 URI
```

参数 jump 的默认值是 false，仅修改 URI 而没有跳转动作。只能在“rewrite_by_lua”阶段里把它设置为 true，这将执行一个内部重定向，跳转到本 server 内其他 location 里继续处理请求（类似 7.12.1 节的 ngx.redirect），在其他阶段置为 true 则会导致错误。

ngx.req.set_uri 的用法示例如下：

```
ngx.req.set_uri("/new_req_uri")          -- 改写当前的 URI，但不会跳转
ngx.say(ngx.var.uri)                     -- 输出改写后的 URI
```

URI 中有时会出现“=”“%”“#”“&”等特殊字符，可以调用 ngx.escape_uri 或 ngx.unescape_uri 编码或解码：

```
local uri = "a + b = c #!"               -- 一个待编码的字符串
local enc = ngx.escape_uri(uri)          -- 转义其中的特殊字符
```

```
local dec = ngx.unescape_uri(enc)          -- 还原字符串
```

7.6.4 参数

OpenResty 提供五个函数操作 URI 里的参数（$args）。

获取 URI 参数

函数 ngx.req.get_uri_args 用来获取 URI 里的参数：

```
args  = ngx.req.get_uri_args (max_args) -- 获取 URI 里的参数
```

它从请求行里获取 URI 参数字符串，以 key-value 表的形式返回解析后的结果。参数 max_args 指示函数解析的最大数量，默认值是 100，即最多获取 100 个 URI 参数，传递 0 则表示不做限制，解析所有的 URI 参数（不推荐）。例如：

```
local args = ngx.req.get_uri_args(20)    -- 最多解析出 20 个参数
for k,v in pairs(args) do                -- 使用 pairs 函数遍历解析出的参数
   ngx.say("args: ", k, "=", v)          -- 逐个输出参数
end
```

如果有多个同名的参数，那么会存储在数组里，即 type(v)=="table"。

由于 ngx.req.get_uri_args 解析所有的 URI 参数，当参数很多而只用其中的某几个时成本就显得较高，这时建议直接使用 ngx.var.arg_*xxx*（即$arg_*xxx*）。

获取 POST 参数

URI 参数也可以使用请求体传递，这时要使用另外一个函数 ngx.req.get_post_args 来解析获取。

ngx.req.get_post_args 的用法与 ngx.req.get_uri_args 基本相同，但因为参数位于请求体，所以必须要先调用 ngx.req.read_body 读取数据，而且还要保证请求体不能存储在临时文件里（可参见 7.8 节）。

ngx.req.get_post_args 的用法示例如下：

```
ngx.req.read_body()                      -- 必须先读取请求体数据
local args = ngx.req.get_post_args(10)   -- 然后才能解析参数
```

改写参数

函数 ngx.req.set_uri_args 改写 URI 里的参数部分（即$args），形式是：

```
ngx.req.set_uri_args(args)               -- 改写 URI 里的参数
```

它可以接受两种形式的参数，第一种是标准的 URI 字符串（相当于直接赋值给 ngx.var.args），第二种是 Lua 表。通常第二种形式用起来更加方便，OpenResty 会自动把表编码转换为规范的参数字符串：

```
local args = {a=1, b={'#','%'}}          -- 待编码的参数表
ngx.req.set_uri_args(args)               -- 调用函数修改 URI 参数
ngx.say(ngx.var.args)                    -- 结果是“a=1&b=%23&b=%25”
```

参数编码

有的时候需要手工处理 URI 参数，OpenResty 为此提供了函数 ngx.encode_args 和 ngx.decode_args，前者把表编码成字符串，后者则是反向操作，把字符串解码成 Lua 表。

```
local args = {n=1, v=100}                -- 待编码的参数表
local enc = ngx.encode_args(args)        -- 编码，结果是“v=100&n=1”
local dec = ngx.decode_args(enc)         -- 解码还原成 Lua 表
```

7.7 请求头

HTTP 请求头包含多个“Key:Value”的形式的字段，非常适合用 Lua 里的表来管理，在 OpenResty 里操作起来也很方便。

7.7.1 读取数据

函数 ngx.req.get_headers 解析所有的请求头，返回一个表：

```
local headers = ngx.req.get_headers()    -- 解析请求头
for k, v in pairs(headers) do            -- 遍历存储头字段的表
   ngx.say("\t", k, " : ", v)            -- 逐个输出头字段
end
```

为了能够在 Lua 代码里作为名字使用，头字段在解析后有了两点变化：完全小写化和“-”改为“_”，例如：

```
ngx.say(headers.host)                    -- “Host”，小写化
ngx.say(headers.user_agent)              -- “User-Agent”，小写化加“_”
```

不过“[]”的方式允许使用字段的原始形式：

```
ngx.say(headers['User-Agent'])           -- 头字段“User-Agent”
ngx.say(headers['Accept'])               -- 头字段“Accept”
```

与解析 URI 参数的 ngx.req.get_uri_args 类似，ngx.req.get_headers 也会解析所有的头字段，当只想读取其中的少数字段时建议直接使用 ngx.var.http_*xxx*（即

$http_xxx）以节约成本。

7.7.2 改写数据

函数 ngx.req.set_header 可以改写或新增请求里的头字段，用法很简单：

```
ngx.req.set_header("Accept", "Firefox") -- 改写头字段“Accept”
ngx.req.set_header("Metroid","Prime 4") -- 新增头字段“Metroid”
```

删除头字段可以把值置为 nil，或者调用函数 ngx.req.clear_header：

```
ngx.req.set_header("Metroid", nil)        -- 使用 nil 删除头字段“Metroid”
ngx.req.clear_header("Accept")            -- 删除头字段“Accept”
```

7.8 请求体

请求体是 HTTP 请求头之后的数据，通常由 POST 或 PUT 方法发送，可以从客户端得到大块的数据。

7.8.1 丢弃数据

很多时候我们并不关心请求体（例如 GET/HEAD 方法），调用函数 ngx.req.discard_body 就可以明确地“丢弃”请求体：

```
ngx.req.discard_body()                    -- 显式丢弃请求体
```

7.8.2 读取数据

出于效率考虑，OpenResty 不会主动读取客户端发送的请求体数据（除非使用 7.2 节的指令“lua_need_request_body on”），读取请求体需要执行下面的步骤：

1） 调用函数 ngx.req.read_body，开始读取请求体数据；

2） 调用函数 ngx.req.get_body_data 获取数据，相当于$request_body；

3） 如果得到是 nil，可能是数据过大，存放在了磁盘文件里，调用函数 ngx.req.get_body_file 可以获得相应的临时文件名（相当于$request_body_file）；

4） 使用 io.*函数打开文件，读取数据（注意是阻塞操作！）。

写成 Lua 代码就是：

```
ngx.req.read_body()                          -- 要求读取请求体数据，同步非阻塞

local data = ngx.req.get_body_data()         -- 读取完毕，获取数据

if data then                                 -- 检查数据是否在内存中
  ngx.say("body: ", data)                    -- 在内存中就不是 nil，可以直接使用
else                                         -- 在磁盘文件里则是 nil
  local name = ngx.req.get_body_file()       -- 获取临时文件名
  local f = io.open(name, "r")               -- 打开文件
  data = f:read("*a")                        -- 从文件中读取数据，阻塞操作
  f:close()                                  -- 关闭文件
end
```

在 OpenResty 里请求体数据总是先被读入内存，但为了减小内存占用，OpenResty 设定了一个限制：8KB（32 位系统）或 16KB（64 位系统），超过此值的请求体就会存放到硬盘上。

8KB/16KB 的限制是 OpenResty 的默认值，可以用指令“client_body_buffer_size”改变。通常来说内存的速度要比硬盘快很多，所以应当依据实际情况适当调整，在节约内存的前提下尽量让数据保留在内存中处理，避免慢速的磁盘操作阻塞整个应用。

7.8.3 改写数据

如果没有显式丢弃请求体，并且已经调用了 ngx.req.read_body 开始读取数据，那么就可以用 ngx.req.set_body_data 或 ngx.req.set_body_file 来改写请求体。

两个函数的区别是数据来源：前者直接使用字符串，后者使用指定的文件（需保证存在且 OpenResty 有读取权限），例如：

```
ngx.req.set_body_data('yyyy')                -- 改写请求体数据
local data = ngx.req.get_body_data()         -- 重新读取改写后的请求体数据

ngx.req.set_body_file("/tmp/xxx")            -- 从磁盘文件里读取数据改写请求体
local data = ngx.req.get_body_data()         -- 重新读取改写后的请求体数据
```

我们也可以使用下面的函数“逐步”创建一个新的请求体，替代原请求的数据：

- init_body   ：开始创建请求体；
- append_body ：向 init_body 创建的请求体里添加数据；
- finish_body ：完成请求体数据的创建。

这三个函数的用法示例如下：

```
ngx.req.init_body()                          -- 创建一个新的请求体
```

```
ngx.req.append_body('aaa')                   -- 向请求体里添加数据
ngx.req.append_body('bbb')                   -- 向请求体里添加数据
ngx.req.finish_body()                        -- 完成请求体数据的创建

local data = ngx.req.get_body_data()         -- 重新读取请求体数据
ngx.say("body: ", data)                      -- 请求体是“aaabbb”
```

7.9 响应头

HTTP 协议里的响应头包括状态行和响应头字段，OpenResty 会设置它们的默认值，但我们也可以任意修改。

7.9.1 改写数据

ngx.status 相当于$status，可以读写响应状态码，例如：

```
ngx.log(ngx.ERR, ngx.status or "-")         -- 获取当前的状态码
ngx.status = ngx.HTTP_ACCEPTED               -- 改写状态码为 202
```

如果不显式调用 ngx.status 设置状态码，那么它的默认值就是 0，但最后会转换为标准的 ngx.HTTP_OK（即 200）。

表 ngx.header（注意不是 headers）相当于$sent_http_*xxx*，可以读取、修改或删除响应头字段，用法与请求头类似。在添加字段时“[]”方式会保持名字的原状，而“.”方式会自动把名字里的“_”转换成“-”，但大小写不会自动转换，例如：[①]

```
ngx.header['Server'] = 'my openresty'   -- 改写 Server 字段
ngx.header.content_length = 0           -- 相当于['Content-Length']
ngx.header.new_field = 'xxx'            -- 新增字段“new-field: xxx”
ngx.header.date = nil                   -- 删除 Date 字段
```

函数 ngx.resp.add_header 可以新增头字段，功能与 ngx.header 类似，但它不会覆盖同名的字段，而且必须显式加载才能使用，例如：

```
local ngx_resp = require "ngx.resp"     -- 显式加载 ngx.resp 库
ngx_resp.add_header("new_field", "yyy") -- 新增同名字段，不会覆盖
```

此外还有一个函数 ngx.resp.get_headers，它的功能与 ngx.req.get_headers 类似，以表的形式获取当前所有的响应头字段，但多数情况下我们还是应该使用效率更高的 ngx.header.*xxx* 或 ngx.resp.add_header。

---

① 前提是“lua_transform_underscores_in_response_headers on”，见 7.2 节。

7.9.2 发送数据

调用函数 ngx.send_headers 可以显式地发送响应头，但它不是必须的，因为响应头总是在响应体数据之前，OpenResty 会在 ngx.print 或 ngx.say 之前自动地执行这个操作，所以在代码里通常不应该出现它。

ngx.headers_sent 是响应头是否已经发送到客户端的标志量，如果响应头已经发送完毕，那么就应该避免再改写 ngx.status 和 ngx.header。

7.9.3 过滤数据

响应头数据在发送到客户端的“途中”会经过 OpenResty 的 filter 阶段，即“header_filter_by_lua”，在这里也可以改写状态码和头字段，它可以配合“content_by_lua”“proxy_pass”等指令变更客户端最终收到的数据，例如：

```
header_filter_by_lua_block {                    -- 过滤处理响应头信息
    if ngx.header.etag then                     -- 检查是否有 ETag 字段
        ngx.header.etag = nil                   -- 有则删除 ETag 字段
    end
    ngx.header["Cache-Control"] =               -- 添加 Cache-Control 字段
                          "max-age=300"         -- 要求缓存 5 分钟
}
```

读者需要明确“content_by_lua”与“header_filter_by_lua”之间的区别，关键点是这两者所在的执行阶段：前者是数据的起点、来源，而后者是数据传输的中间点；前者主要作用是生产数据，而后者主要作用是修改数据。而且，在不能使用“content_by_lua”的情况下（通常是反向代理 proxy_pass），“header_filter_by_lua”更是改写响应数据的唯一手段。

7.10 响应体

在 OpenResty 里发送响应体很简单，不需要考虑“令人头疼”的缓冲、异步、回调、分块等问题，OpenResty 会自动处理这一切。

7.10.1 发送数据

之前我们已经多次使用了 ngx.print 和 ngx.say 这两个函数，它们会先发送响应头（如果未显式调用 ngx.send_headers），然后向客户端发送响应体数据，两者的功能基本相同，但 ngx.say 会在数据末尾添加一个换行符，多用于调试和测试。

ngx.print/ngx.say 的入口参数很灵活，多个参数或者参数是数组形式可以自动合并，比手动调用 table.concat 更方便而且效率高。它们也是非阻塞的，OpenResty 内部会使用协程自动处理数据的发送，即使是很大的数据也不会阻塞整个 OpenResty 进程（但一次发送大块的数据会占用较多的内存，最好拆分成小块后分片发送）。

为了提高发送效率，避免发生不必要的系统调用，ngx.print/ngx.say 内部使用了缓冲机制，调用后可能不会立即执行发送动作。函数 ngx.flush 可以用在发送后要求 OpenResty 强制刷新缓冲区，保证数据确实发送到客户端。

ngx.flush 是一个异步操作，可以传入参数 true 同步等待刷新操作完成（但仍然是非阻塞的），例如：

```
local data = {'mario','zelda'}                -- 一些待发送的数据
ngx.say(data)                                 -- 直接发送数组里的数据，自动合并

for _,v in ipairs(data) do                    -- 遍历数组，分片发送
    ngx.print(v)                              -- 发送一部分数据
    ngx.flush(true)                           -- 刷新缓冲区，同步非阻塞等待发送完成
end
```

7.10.2 过滤数据

与“header_filter_by_lua”类似，响应体数据在发送到客户端的“途中”也会经过 filter 阶段，即“body_filter_by_lua”。

在这个阶段主要使用的功能接口是 ngx.arg 数组。ngx.arg[1]操作发送的数据，ngx.arg[2]是个 bool 标志量，表示发送是否已经完成（EOF），即 ngx.arg[1]是最后一块数据。

同样的，我们可以在“body_filter_by_lua”里对响应数据做任意的修改、删除或截断，改写客户端最终收到的数据：

```
body_filter_by_lua_block {                    -- 过滤处理响应体数据
    if ngx.re.find(                           -- 用正则表达式
        ngx.arg[1], 'xxx', "jo") then         -- 检查响应数据
        ngx.arg[1] = nil                      -- 发现特殊字符串，直接删除这部分数据
        return
    end

    if ngx.arg[2] then                        -- 检查 EOF 标志位，是否是最后一块
        ngx.arg[1] = ngx.arg[1]..'xx'         -- 在数据末尾附加一些额外的数据
    end
}
```

使用“body_filter_by_lua”需要注意，代码里的修改可能会导致响应体数据的长度发生变化，为了避免与响应头里的“Content-Length”不匹配，最好在“header_filter_by_lua”或之前的其他执行阶段里把这个字段删除，即：

```
header_filter_by_lua_block {                    -- 过滤处理响应头信息
    ngx.header.content_length = nil             -- 删除长度头，避免客户端接收错误
}
```

7.11 手动收发数据

使用之前介绍的功能接口已经能够完成大多数的 HTTP 请求处理工作了，但 OpenResty 还提供了一个特别的函数 ngx.req.socket，可以获得连接客户端的 cosocket 对象，直接与客户端通信，对数据收发做更精细的控制（具体功能介绍可参见 8.3 节）。

ngx.req.socket 的形式是：

```
sock, err = ngx.req.socket(raw)                 -- 获取客户端 cosocket 对象
```

默认情况下 ngx.req.socket 获得的 cosocket 对象是只读的，只能接收数据，实现类似 ngx.req.read_body 的读取请求体功能，但读取的主动权完全掌握在用户手里，例如：

```
local sock, err = ngx.req.socket()              -- 获取只读的客户端 cosocket 对象
assert(sock)                                    -- 断言对象是有效的

local len = tonumber(                           -- 从请求头里获取数据长度
        ngx.var.http_content_length)
local data = sock:receive(len)                  -- 手动控制读取指定的字节
```

如果调用时传递参数 true，那么函数会返回一个拥有完全读写功能的 cosocket 对象，能够任意向客户端收发数据。但它的发送功能可能会与 ngx.send_headers/ngx.print/ngx.say 冲突，所以最好先调用 ngx.flush(true)清空输出缓冲区，这样之后的数据收发将都由这个 cosocket 对象来负责：

```
ngx.header.content_length = len                 -- 设置响应头字段
ngx.send_headers()                              -- 发送响应头
ngx.flush(true)                                 -- 清空缓冲区，注意必须使用 true

local sock, err = ngx.req.socket(true)          -- 获取可读写的全功能 cosocket 对象
sock:send(data)                                 -- 手动发送数据
```

ngx.req.socket 的功能非常灵活，能够实现数据的流式传输（绕过“client_body_buffer_size”的限制），或者基于 HTTP 的自定义协议（如 Websocket），但它同时也增加

了用户的责任，编码需要更多的处理步骤，通常情况下还是使用 ngx.req.*系列函数更加方便安全。

7.12 流程控制

OpenResty 里有四个特别的函数用来控制 HTTP 处理流程，包括重定向和提前结束处理：

```
ngx.redirect(uri, status)                    -- 标准的 301/302 重定向跳转
ngx.exec(uri, args)                          -- 跳转到内部的其他 location
ngx.exit(status)                             -- 立即结束请求的处理
ngx.eof()                                    -- 发送 EOF 标志，后续不会再有响应数据
```

7.12.1 重定向请求

函数 ngx.redirect 执行标准的 301/302 重定向跳转，它将结束当前的处理过程，跳转到指定的 URI 重新开始请求处理流程，例如：

```
ngx.redirect("https://www.github.com")  -- 跳转到外部网站，默认是 302
ngx.redirect("/new_path", 301)          -- 跳转到其他 location，状态码 301
```

ngx.redirect 对调用的时机有要求，必须在向客户端发送数据之前——也就是在 ngx.send_headers/ngx.print/ngx.say 之前，通常最好在“rewrite_by_lua”或“access_by_lua”阶段里使用。

ngx.exec 的功能类似 ngx.redirect，但它只能跳转到本 server 内部的其他 location，相当于“执行”了另一个 location 里的功能。利用它可以把处理流程划分成“流水线”式的多个节点，每个节点集中一些业务逻辑，然后用 ngx.exec 跳转到下一个节点继续处理，例如：

```
location = /exec {                          -- 一个专门用来跳转的 location
  rewrite_by_lua_block {                    -- 在 rewrite 阶段执行 Lua 代码
    ngx.req.set_header("Exec", "True")      -- 改写请求头
    ngx.exec("/xxx",  ngx.var.args)         -- 内部跳转到其他 location 继续处理
  }
}
```

7.12.2 终止请求

函数 ngx.exit 可以在任意的执行阶段调用，立即结束请求的处理，返回的状态码可以用参数指定：

- 0 ：仅结束本阶段的处理流程，直接进入下一个阶段。
- >=200 ：结束整个请求处理流程，跳过后续阶段（“filter”和“log”除外）。

如果在处理过程中发现有错误，就有必要调用 ngx.exit 及时结束处理流程，向客户端报告错误原因，例如：

```
if not ngx.var.arg_hello then              -- 检查 URI 里的参数
  ngx.exit(400)                            -- 如果缺少必要的参数则报 400 错误
end
```

ngx.eof 是另一种结束请求处理的方式，它会向客户端发送 EOF 标志（即 ngx.arg[2]==true），表示后续不会再有响应数据发送，但代码逻辑并不结束，仍然会继续执行。

使用 ngx.eof 可以尽早返回给客户端响应数据，然后再执行统计、存储等收尾工作，减少客户端感知的等待时间。不过 ngx.eof 后的工作不宜过多，因为它毕竟占用了请求的实际处理时间，对于与请求无关的收尾工作建议放在“log_by_lua”里执行，或者使用 10.2 节的 ngx.timer.at 创建一个后台任务延后处理。

7.13 检测断连

在 HTTP 应用服务里通常是由服务器端主动关闭连接，但有时也会发生客户端主动断连的情况，如果不正确处理就有可能会导致服务器的资源无法及时回收，好在 OpenResty 可以捕获这种“意外事件”。

使用检测断连功能的前提是先使用指令“lua_check_client_abort on”（见 7.2 节），然后编写一个处理客户端断连的回调函数 handler，利用 Lua 函数的闭包特性访问外部的各种变量，执行必要的资源清理工作。最后需要在代码里调用 ngx.on_abort 注册函数，当断连事件发生时 OpenResty 就会回调执行 handler。

检测断连的示例代码如下：

```
local function cleanup()                   -- 断连时的回调函数
  ngx.log(ngx.ERR, "client abort")         -- 断连时记录日志
  ...                                      -- 其他的清理工作
  ngx.exit(444)                            -- 结束请求，使用特殊的状态码
end

local ok, err = ngx.on_abort(cleanup)      -- 注册断连回调函数
```

这样，当客户端主动断连（例如 Ctrl+C）时就会执行函数 cleanup，保证资源能够正确释放。

7.14 综合示例

本节将综合使用之前介绍的 OpenResty 指令和功能接口，开发一个略复杂的 HTTP 应用。

功能描述

这个应用实现了基本的时间服务，具体功能是：

- 只支持 GET 和 POST 方法；
- 只支持 HTTP 1.1/2 协议；
- 只允许某些用户访问服务；
- GET 方法获取当前时间，以 http 时间格式输出；
- POST 方法在请求体里传入时间戳，服务器转换为 http 时间格式输出；
- 可以使用 URI 参数“need_encode=1”，输出会做 Base64 编码。

设计

依据 OpenResty 的阶段式处理逻辑，可以把整个应用划分为四个部分，每部分是一个独立的 Lua 源码文件：

- rewrite_by_lua ：正确性检查，拒绝错误的请求；
- access_by_lua ：使用白名单做访问控制；
- content_by_lua ：产生响应内容；
- body_filter_by_lua ：加工数据，Base64 编码。

正确性检查

正确性检查需要使用“ngx.req.*”功能接口获取请求头里的各种信息做逻辑判断：

```
-- service/http/rewrite_example.lua;

local method = ngx.req.get_method()         -- 获取请求方法
if method ~= 'GET' and                      -- 必须是 GET 或 PUT
   method ~= 'POST' then
   ngx.header['Allow'] = 'GET, POST'        -- 方法错误返回 Allow 头字段
   ngx.exit(405)                            -- 返回状态码 405，结束请求
end

local ver = ngx.req.http_version()          -- 获取协议的版本号
if ver < 1.1 then                           -- 不能低于 1.1
   ngx.exit(400)                            -- 返回状态码 400，结束请求
end
```

```
ngx.ctx.encode =                            -- 在 ngx.ctx 里存储编码标志量
  ngx.var.arg_need_encode                   -- 取 URI 参数里的 need_encode 字段

ngx.header.content_length = nil             -- 删除长度头，避免客户端接收错误
```

访问控制

我们采用客户端的地址作为访问控制条件，代码如下：

```
-- service/http/access_example.lua;

local white_list = {...}                    -- 若干白名单 IP 地址

local ip = ngx.var.remote_addr              -- 使用 ngx.var 获取客户端地址

if not white_list[ip] then                  -- 检查是否在白名单内
  ngx.log(ngx.ERR, ip, " is blocked")       -- 记录错误日志以便统计分析
  ngx.exit(403)                             -- 返回状态码 403，结束请求
end
```

产生响应内容

在前两个阶段我们已经阻挡了大部分的错误请求，所以 content 阶段就可以“安心”地编写主要的业务逻辑代码：

```
-- service/http/content_example.lua;

local function action_get()                 -- 处理 GET 请求的函数
  ngx.req.discard_body()                    -- 显式丢弃请求体

  local t = ngx.time()                      -- 获取当前时间戳
  ngx.say(ngx.http_time(t))                 -- 转换为 http 格式输出
end

local function action_post()                -- 处理 POST 请求的函数
  ngx.req.read_body()                       -- 要求非阻塞读取请求体

  local data = ngx.req.get_body_data()      -- 获取请求体数据
  local num = tonumber(data)                -- 转换为数字

  if not num then                           -- 防止客户端发送错误数据
    ngx.log(ngx.ERR, "xxx")                 -- 记录错误日志
    ngx.exit(400)                           -- 返回状态码 400，结束请求
  end
```

```
  ngx.say(ngx.http_time(num))                -- 转换为 http 格式输出
end

local actions = {                            -- 用一个表映射方法与处理函数
   GET   = action_get,
   POST  = action_post
   }

local method = ngx.req.get_method()          -- 获取请求方法
actions[method]()                            -- 执行对应的处理函数
```

加工数据

过滤阶段的工作比较简单，判断条件已经在之前的“rewrite_by_lua”阶段存储在了ngx.ctx 表里，直接使用即可：

```
-- service/http/body_filter_example.lua;

if ngx.status ~= ngx.HTTP_OK then            -- 仅对正常输出编码
   return                                    -- 错误信息不会编码
end

if ngx.ctx.encode then                       -- 检查是否要进行编码
   ngx.arg[1] =                              -- 改写响应体数据
     ngx.encode_base64(ngx.arg[1])           -- 对数据做 Base64 编码
end
```

部署应用

在 OpenResty 配置文件的 http/server 块里定义一个新的 location，使用“*xxx_by_lua_file*”系列指令就可以把 Lua 代码加载到相应的执行阶段：

```
location = /example {               # 应用的入口是“/example”
  rewrite_by_lua_file               service/http/rewrite_example.lua;
  access_by_lua_file                service/http/access_example.lua;
  content_by_lua_file               service/http/content_example.lua;
  body_filter_by_lua_file           service/http/body_filter_example.lua;
}
```

测试验证

使用 curl 发送命令可以验证我们刚开发的 http 应用，例如：

```
curl '127.1/example'                     #发送 GET 请求
curl '127.1/example' -d '1516765407'     #发送 POST 请求
curl '127.1/example' -X DELETE           #发送 DELETE 请求，返回 405
```

```
curl '127.1/example?need_encode=1'       #要求 Base64 编码
```

7.15 总结

本章介绍了 OpenResty 里用于处理 HTTP 请求的功能接口，主要有“ngx.*”“ngx.var.*”和“ngx.req.*”。它们的定义清晰明了，用法也比较简单，学习难度很低，但我们应该意识到 OpenResty 在底层为此付出的巨大努力。

OpenResty 以流水线的方式处理 HTTP 请求，处理过程被分成了数个职责明确的阶段，我们需要在这些阶段里使用“xxx_by_lua”的方式嵌入 Lua 代码，调用这些功能接口。常用的有“rewrite_by_lua”改写 URI，“access_by_lua”访问控制，“content_by_lua”产生响应内容，“header|body_filter_by_lua”加工数据。

流水线里的各个阶段彼此独立，无法直接沟通，ngx.ctx 为请求提供了一个“全局”共享的存储空间，利用它就可以在阶段间传递数据。但 ngx.ctx 采用元方法调用的方式实现，成本较高，应当尽量少用。

ngx.var 是另一种阶段间数据互通的方式，可以存储字符串数据。它也能够非常方便地访问 Nginx 内置变量，获取请求相关的各种信息。但 ngx.var 不应该过度使用，最好 local 化暂存避免额外的开销。

向客户端发送响应数据通常使用 ngx.print/ngx.say，会自动处理缓冲、分块、异步等底层细节，必要的时候也可以调用 ngx.flush(true)同步等待刷新操作完成。

ngx.req.socket 是处理 HTTP 请求的高级方式，它获取了客户端的 cosocket 对象，能够直接与客户端通信，实现灵活的流式收发数据操作。

基于本章介绍的这些接口就可以实现 RESTful API，开发出任意的 HTTP 服务。但如果想要构建复杂的大型 Web 应用也无须“自己造轮子”，OpenResty 社区已经有了 Lapis、Vanilla 等大量成熟的 Web 开发框架等待我们去学习使用。

第 8 章 访问后端

使用在第 7 章里介绍的各种 OpenResty 功能接口我们可以读写请求头、请求体、生成/改写响应头、响应体，非常简单地处理 HTTP 请求实现 Web 服务，但这还很不够。

Web 服务通常不会仅限于本机资源的“单打独斗”，它必须利用 Redis、MySQL 等数据库服务存储缓存、会话和其他数据，利用 Kafka、RabbitMQ 等消息队列服务异步发送消息，以及访问 Tomcat、PHP 等业务服务，访问 ZooKeeper、Consul 等配置服务，综合协调这些后端才能为最终用户呈现出一个功能完备的应用服务。

本章将介绍 OpenResty 提供的两种高效后端通信功能，还有基于它们访问一些常用后端的方法，使用这些技术就能够让 OpenResty 轻松统合各种后端服务，构建复杂的业务逻辑，变身为动态网关或者“超级应用服务器”。

8.1 简介

在 OpenResty 里有两种访问后端服务的方式：子请求 location.capture 和协程套接字 cosocket，两者都是完全非阻塞的，方便易用而且效率极高，不需要编写“晦涩难懂”的回调函数就可以实现高性能的并发编程。

子请求（location.capture）

location.capture 是较“传统”的方式，基于 Nginx 平台内部的子请求机制，需要配合 Nginx 反向代理模块（如 ngx_proxy、ngx_redis2、ngx_fastcgi 等）“间接地”访问后端服务，接口参数较多，调用成本也略高。

location.capture 的基本原理是在本请求内向另外的 location 再发起一个 HTTP 请求——这被称为“子请求”，原请求则称为“父请求”，并完整地“捕获”处理后的所有数据，就像是“调用”了 location。

location.capture 在形式上有些类似于 7.11 节里的 ngx.exec，也有处理流程的“跳转”，但它不会结束本次请求，而且可以并发多个。

协程套接字（cosocket）

cosocket（即“corountine based socket”）是 OpenResty 独有的特性，它结合了 Nginx 的事件机制和 Lua 的协程特性，以同步非阻塞的方式实现了 socket 编程，高效地与任意的后端服务通信。

使用 cosocket 可以很容易地连接一个或多个后端服务器，无阻塞地收发数据，再利用 bit/ffi 库解析二进制数据，就能够支持任意的通信协议，扩展性极强，非常灵活。

cosocket 还内建了连接池机制，可以实现重要的长连接功能，解决了网络编程领域里的一大难题。

8.2 子请求

子请求方式使用的函数是 ngx.location.capture，在调用前必须预先在配置文件里配置好它将“捕获”的 location。location 内部通常使用的是各种反向代理模块，利用“xxx_pass”访问后端服务。

受 Nginx 平台的内部限制，ngx.location.capture 只能用在“rewrite_by_lua”“access_by_lua”和“content_by_lua”这三个执行阶段。

8.2.1 接口说明

ngx.location.capture 的形式是：

```
res = ngx.location.capture(uri, options)    -- 发起子请求调用
```

它“调用”本 server 内的名为“uri”的 location，第二个参数是可选的，以表的方式传递发起子请求时的额外数据，并可以改写原始的请求信息。表里的字段有：

- method ：子请求的方法，必须使用 7.3.2 节里的数字常量；
- args ：子请求的 URI 参数，可以字符串也可以是表；
- body ：子请求的 body 数据，必须是 Lua 字符串；
- ctx ：子请求使用的 ngx.ctx 临时数据；
- vars ：子请求可能用到的变量，存储在表里；

- copy_all_vars ：标志量，子请求将使用变量的副本，修改不会影响父请求；
- share_all_vars ：标志量，子请求可能会修改父请求里的变量，应慎用；
- always_forward_body ：标志量，总是转发父请求的 body 数据。

函数执行后会同步非阻塞地等待请求执行完毕，最后返回一个表，包含四个字段：

- status ：子请求的响应状态码，相当于 ngx.status；
- header ：子请求的响应头，相当于 ngx.header；
- body ：子请求的响应体；
- truncated ：错误标志位，body 数据是否被意外截断。

ngx.location.capture 的参数和返回值较多，用法比较复杂，一般的调用形式是：

```
local res = ngx.location.capture(uri,     -- 发起一个子请求，调用“uri”
            {method = ngx.HTTP_POST,      -- 修改子请求的方法，可以改成 POST
             args = {...},                -- 以表的形式修改子请求的参数
             body = ...                   -- 也可以添加请求体数据
            })                            -- 发起后同步非阻塞等待子请求执行完毕

if res.status = ngx.HTTP_OK then          -- 检查子请求的状态码
  ngx.print(res.body)                     -- 获取响应体数据，任意处理
end
```

此外 OpenResty 还提供一个函数 ngx.location.capture_multi，可以同时发起多个子请求，从多个 location 获取数据，通过并发操作来节约处理时间，形式是：

```
res1, res2, ... = ngx.location.capture_multi(
            { {uri, options}, {uri, options}, ... })
```

8.2.2 应用示例

假设我们有如下的两个配置好的 location：[①]

```
location = /hello {                        # 使用 ngx_proxy 模块访问 HTTP 服务
  proxy_set_header Host $host;             # 设置 Host 头字段
  proxy_pass http://127.0.0.1/hello;       # 反向代理到一个 HTTP 服务器
}

location = /ngx_redis2 {                   # 使用 ngx_redis2 模块访问 Redis 服务
  set_unescape_uri $key $arg_key;          # 设置查询的 key
  redis2_query get $key;                   # 使用 get 命令获取数据
  redis2_pass 127.0.0.1:6379;              # 反向代理到一个 Redis 服务器
```

① 为了避免这些仅供内部调用的 location 被外界访问，可以使用指令 internal 加以保护。

```
}
```

那么使用 ngx.location.capture 就可以“调用”它们来访问后端的 HTTP 服务和 Redis 服务：

```
local capture = ngx.location.capture          -- 别名简化调用

local res = capture('/hello')                 -- 调用'/hello'，访问 HTTP 服务

if res.status ~= ngx.HTTP_OK then             -- 检查处理结果是否正确
    ngx.exit(res.status)                      -- 如果失败则使用子请求状态码退出
end
if res.truncated then                         -- 检查数据是否被意外截断
    ngx.log(ngx.ERR, "xxx")                   -- 记录一条日志备查
end

ngx.print(res.body)                           -- 输出后端 HTTP 服务的返回结果

local res = capture('/ngx_redis2',            -- 访问 Redis 服务
            {args = {key='metroid'}})         -- 使用表传递 URI 参数“key”

ngx.print(res.body)                           -- 输出后端 Redis 服务的返回结果
```

使用 ngx.location.capture_multi 还可以把两个操作“并联”执行，压缩执行时间：

```
local capture_multi =                         -- 别名简化调用
            ngx.location.capture_multi

local res1, res2 = capture_multi{             -- 并发两个子请求
                {'/hello'},                   -- 调用'/hello'，访问 HTTP 服务
                {'/ngx_redis2', ...}          -- 调用'/ngx_redis2'，访问 Redis 服务
}

ngx.print(res1.body)                          -- 输出后端 HTTP 服务的返回结果
ngx.print(res2.body)                          -- 输出后端 Redis 服务的返回结果
```

8.2.3　使用建议

ngx.location.capture 是 OpenResty 早期访问后端的方式，可以自由地组合反向代理和负载均衡功能，整合多个后端源，不需要太多的额外编码工作就充分利用 Nginx 现有的各种模块，访问 CGI、HTTP、Redis、Memcached、MySQL 等多种服务，使用起来简单方便。

但 ngx.location.capture 的缺点也不少。

首先，它的扩展性不够灵活，如果要访问新的后端必须要改写配置文件，配置新的

location。而且，如果后端服务没有对应的 Nginx 模块就需要使用 C 语言开发，而 C 语言的开发难度高、周期长是众所周知的，这就限制了 ngx.location.capture 的应用范围。

其次，ngx.location.capture 使用的子请求机制会“完整”地捕获全部响应内容，需要使用较大的缓冲区，如果响应内容很多会造成大量内存占用，浪费系统资源。

最后，OpenResty 内部限制了子请求的并发数量，主请求最多只能发出 50 个子请求（这也是为了避免过多的内存占用），降低了它在高并发场景里的应用价值。①

因此，本书作者建议尽量不使用 ngx.location.capture，而是改用 cosocket，它的底层运行机制与 ngx.location.capture 基本相同，但成本更低，更灵活可控。

8.3 协程套接字

cosocket 支持 TCP、UDP 和 UNIX Domain Socket，三者的接口都差不多，故本书只介绍使用 TCP 协议的 cosocket。②

与 ngx.location.capture 类似，cosocket 在使用时也有限制，但可用范围要广一些，除了“rewrite_by_lua”“access_by_lua”“content_by_lua”之外，还能在“ssl_certificate_by_lua”和定时器（ngx.timer）里运行。

cosocket 的接口与 Socket API 类似，学习的成本很低，能够在很短的时间里掌握，任何人都可以很轻松地编写出高质量、高性能的网络通信程序。

8.3.1 配置指令

OpenResty 提供八个指令用于配置 cosocket 的行为。

lua_socket_log_errors *on|off*

当 cosocket 对象发生错误时是否记录日志，默认值是“on”，即会把错误原因写入 errlog。在应用开发初期建议使用默认值“on”，有利于我们发现隐患排查错误。

如果我们在 Lua 代码里已经正确处理了各种可能的 cosocket 错误，那么就可以关闭这个指令，减少记录日志的磁盘操作，提高运行效率。

① 在 OpenResty 1.11.2.x 之前可以最多并发 200 个子请求。

② 本书暂未介绍 cosocket 的另两个函数 sslhandshake 和 setoption。

lua_socket_send_lowat *num*

指定 cosocket 对象发送数据的阈值（low water)，即只有超过 *num* 数量的数据时才会执行真正的发送动作。默认值是 0，即不缓冲立即发送。

出于效率和节约内存的考虑，建议保持默认值 0。

lua_socket_buffer_size *num*

指定 cosocket 对象接收数据的缓冲区大小，默认值是“4KB/8KB”。因为 cosocket 在收发数据是完全无阻塞的，较大的缓冲区并不会显著改善性能，反而会占用不必要的内存，实际应用时可适当减小以节约内存。

lua_socket_connect_timeout *time*

指定 cosocket 对象连接后端时的超时时间，*time* 可以用“m/s/ms”来精确指定时间的单位。默认值是“60s”，即 60 秒还连接不上后端则超时失败。由于默认值太大，实际应用时可适当减小，或者使用 8.3.3 节的 settimeout/settimeouts 来灵活设置。

lua_socket_send_timeout *time*

指定 cosocket 对象发送数据的超时时间，默认值是“60s”，可适当减小。

lua_socket_read_timeout *time*

指定 cosocket 对象接收数据的超时时间，默认值是“60s”，可适当减小。

lua_socket_pool_size *num*

指定 cosocket 连接池的大小，默认值是 30，实际应用中应适当增大。

OpenResty 会为每个后端服务器自动创建一个连接池，使用函数 setkeepalive（8.3.5 节）可以把 cosocket 放入池内保持连接，实现长连接复用，但如果连接的数量超过指定的容量 *num* 那么最近最少使用的连接就会被关闭。

lua_socket_keepalive_timeout *time*

指定连接池里 cosocket 对象的“空闲”时间，默认值是“60s”，如果在此时间里 cosocket 对象没有被复用就会被关闭，节约系统资源。

8.3.2 创建对象

与标准套接字函数 socket()类似，函数 ngx.socket.tcp 会在 OpenResty 环境里创

建一个 TCP 协议的 cosocket 对象，能够与任意的 TCP 服务器全双工无阻塞地（non-blocking full-duplex）通信，即：

```
sock = ngx.socket.tcp()                    -- 创建一个 TCP cosocket 对象
```

此外，在 http/stream 子系统里调用函数 ngx.req.socket 也可以得到 cosocket 对象，但它创建时就已经连接到了客户端（参见 7.11 节）。

注意，函数返回的是一个“对象”，后续的相关操作函数都必须使用“:”来调用。

8.3.3 超时设置

在使用 cosocket 对象之前我们必须要设置它的超时时间：

```
sock:settimeout(time)                      -- 统一设置 cosocket 的超时时间
sock:settimeouts(connect_timeout,          -- 分别设置 cosocket 的超时时间
                 send_timeout, read_timeout)
```

这两个函数以毫秒为单位，设置 cosocket 的连接、发送和接收的超时时间，不同之处是前者统一设置为一个值，而后者可以分别设置，例如：

```
sock:settimeout(1000)                      -- 统一设置超时时间为 1000 毫秒
sock:settimeouts(500,100,100)              -- 三个超时时间分别是 500/100/100 毫秒
```

如果不使用 settimeout/settimeouts 设置超时时间，那么 cosocket 对象就会使用 8.3.1 节里配置的默认超时时间。

8.3.4 建立连接

函数 connect 用来发起与后端服务器的连接：

```
ok, err = sock:connect(host, port)         -- 连接后端服务器“host:port”
```

connect 是同步非阻塞的，后端服务器由参数“*host*:*port*”指定，当成功建立连接后 ok==1/true，否则 ok==nil/false，err 里是错误原因。通常的调用形式是：

```
local ok, err = sock:connect(              -- 同步非阻塞连接后端服务器
                "www.xxx.com", 80)         -- 指定地址和端口号
if not ok then                             -- 检查返回值，是否成功连接
    ngx.say("err: ", err)                  -- 如果失败则需要适当处理
    return                                 -- 连接失败，后续流程不再继续
end
```

因为 TCP 协议应用得最多，所以 OpenResty 还提供了一个简化操作：ngx.socket.connect，它相当于 ngx.socket.tcp 后紧接着调用 connect，返回的是一个已经成功建

立连接的 cosocket 对象（TCP 协议），例如：

```
local sock, err = ngx.socket.connect(   -- 创建对象并立即连接后端服务器
                  "www.xxx.com", 80)    -- 指定地址和端口号
```

函数 connect 只能连接到一个确定的地址，不能利用 OpenResty 内置的负载均衡机制（即 upstream{}配置块），但这个问题也不难解决，只要在代码里用 Lua 表来保存后端服务器集群，然后自己实现负载均衡算法就可以了。①

8.3.5 复用连接

为避免反复地创建销毁 cosocket 对象，OpenResty 实现了连接池机制。当一个 cosocket 使用完毕后可以暂时不立即销毁，而是调用函数 setkeepalive 放入连接池，即：

```
ok, err = sock:setkeepalive(timeout, size)       -- 放入连接池
```

参数 timeout 指定连接的空闲时间（单位是毫秒），size 指定连接池的大小，这两个参数也可以省略，函数会使用 8.3.1 节配置指令的默认值（60 秒、30 个）。

OpenResty 内部不止有一个连接池，每个后端服务器都会有一个与之对应的连接池，键值就是建立连接时的“*host:port*”。当调用函数 connect 时会优先检查连接池，如果连接池非空，就直接取出 cosocket 对象复用。

函数 getreusedtimes 获取连接的复用次数，如果值是 0，就表明这是一个新的连接：

```
count, err = sock:getreusedtimes()        -- 获取连接的复用次数
```

在复用连接时需要注意 cosocket 对象的状态，不能把发生错误的连接放入连接池，否则下次 connect 时可能就会从池里取到出错的连接，导致收发数据失败。

8.3.6 关闭连接

连接使用完毕或者收发数据出错，就应该调用函数 close 关闭连接：

```
ok, err = sock:close()                    -- 关闭连接
```

如果不使用 close，OpenResty 在处理结束后也会关闭连接，但这样无疑浪费了系统资源，所以只要有必要就应该及时显式关闭连接。

对于运行在 stream 子系统（参见第 14 章）里的 cosocket 对象，我们还可以调用函数

---

① OpenResty 里另有一个库 ngx.upstream，可以在 Lua 代码里获取配置文件里定义的 upstream 集群，然后再做负载均衡策略，参见 9.2 节。

shutdown 实现“半关闭”——禁止写但允许读：

```
ok, err = sock:shutdown("send")              -- 单向关闭连接，禁止写，允许读
```

shutdown 函数在编写 TCP/UDP 应用的某些场景下很有用，可以实现类似 lingering close 的功能，延迟一段时间后再真正关闭客户端连接。

8.3.7 发送数据

cosocket 对象发送数据使用函数 send：

```
bytes, err = sock:send(data)                 -- 同步非阻塞发送数据
```

参数 data 可以是一个 Lua 字符串，也可以是一个数组，send 函数会自动拼接数组里的数据再发送（与 ngx.print/ngx.say 类似，但不支持多个参数）。

如果发送成功，返回值 bytes 是发送的字节数，否则 bytes 就是 nil，err 是错误原因。

8.3.8 接收数据

cosocket 对象接收数据有两个函数，receive 和 receiveuntil。

receive

函数 receive 的形式是：

```
data, err, partial = sock:receive(opt)  -- 同步非阻塞接收数据
```

receive 接受三种参数：数字指定接收的字节数，字符串“*l”接收一行数据（以'\r'结束），字符串“*a”持续地接收数据直至连接关闭，后两个参数的用法与 Lua 的文件操作十分类似。

如果函数执行成功，接收的数据保存在返回值 *data* 里；如果执行失败，data 就是 nil，err 是错误原因，partial 是已接收的部分数据，通常可以忽略。

receiveuntil

函数 receiveuntil 持续接收数据，以指定的模式作为分隔符，适合接收类似 chunked 编码的数据，形式是：

```
iterator = sock:receiveuntil(pattern)   -- 指定模式同步非阻塞接收数据
```

它返回一个迭代器函数 iterator，用法类似 receive，可以在循环里持续地调用它接收数据，当读取完毕就会返回 nil，例如：

```
local sock = ngx.req.socket()              -- 获得连接客户端的 cosocket
sock:settimeout(1000)                      -- 设置超时时间为 1 秒钟

local iter = sock:receiveuntil("|")        -- 数据以“|”分隔
while true do                              -- while 循环持续接收数据
   local data, err = iter()                -- 迭代器函数接收数据
   if not data then                        -- 检查是否接收到数据
      ngx.say("failed: ", err)             -- 打印错误信息
      break                                -- 结束循环，读取完毕
   end
   ngx.say(data, ",")                      -- 输出接收到的数据
end
```

8.3.9 应用示例

本节我们将编写一个简单的 cosocket 应用实例，连接某个 TCP 后端服务器（具体实现可参见 14.5 节），它采用 MessagePack 编码，接受{str,num}结构的数据，然后将字符串加倍返回。

由于处理 cosocket 错误烦琐且模式化，为了节约篇幅示例里均省略了这些代码。

建立连接

连接后端服务器需要先创建 cosocket 对象，设置超时时间，然后调用 connect 函数：

```
local sock = ngx.socket.tcp()              -- 创建 cosocket 对象
sock:settimeout(1000)                      -- 设置超时时间为 1000 毫秒

local ok, err = sock:connect(              -- 同步非阻塞连接后端服务器
                "127.0.0.1", 900)          -- 指定 IP 地址和端口号
```

发送数据

发送数据很简单，只需要使用 6.4.3 节的 lua-resty-msgpack 库编码即可：

```
local mp = require "resty.msgpack"         -- 加载 msgpack 库

local msg = {str = "hello", num = 3}       -- 一个简单的消息
local body = mp.pack(msg)                  -- 编码消息，作为 body
local header = mp.pack(#body)              -- 编码长度，作为 header

local _, err = sock:send(header..body)     -- 同步非阻塞发送数据
```

接收数据

从服务器返回的数据也是 MessagePack 编码，但我们不必解析前面的头字段，使用“*a”直接读取所有数据，然后再解码：

```
local data, err = sock:receive("*a")      -- 同步非阻塞读取所有数据

local iter = mp.unpacker(data)            -- 使用 MessagePack 迭代器解码数据

local _, len = iter()                     -- 解码头字段，数据的长度
local _, msg = iter()                     -- 解码字符串

ngx.say("len: ", len, " data: ", msg)    -- 输出服务器返回的结果

sock:setkeepalive()                       -- 最后放入连接池，复用连接
```

8.4 DNS 客户端

TCP/IP 协议使用 IP 地址来标识主机，但纯数字的地址很难记忆和使用，于是“域名”（Domain Name）应运而生，它代替了麻烦的数字串，使用易读的文字来标识主机。

但 IP 地址仍然是主机的唯一标识，域名必须转换为 IP 地址后才能使用，这个转换过程就被称为“域名解析”，通常是向域名系统（Domain Name System，DNS）发出查询请求，获取域名对应的 IP 地址。

Nginx 自带了标准的域名解析功能，使用指令 resolver 在配置文件里指定 DNS 服务器，自动解析域名，例如：

```
resolver 8.8.8.8 8.8.4.4 valid=30s;      #指定两个 DNS，缓存 30 秒
```

但 resolver 指令的功能较简单，如果想要在 OpenResty 里更灵活地实现域名解析功能就要使用 lua-resty-dns 库，它基于 cosocket，完全无阻塞，是一个非常高效易用的 DNS 客户端，本节将简要介绍它的用法。[①]

lua-resty-dns 库需要显式加载后才能使用，即：

```
local resolver = require "resty.dns.resolver"  -- 加载 lua-resty-dns 库
```

① 另有一个第三方库 lua-resty-dns-client，基于 lua-resty-dns 实现了 DNS 服务器的负载均衡和查询缓存，但目前还不够稳定，也不能使用 opm 安装。

8.4.1　创建对象

在访问 DNS 服务器之前，我们必须调用 new 方法创建解析对象：

```
r, err = resolver:new(opts)                        -- 创建 DNS 解析对象
```

new 方法的参数 opts 是一个表，有四个 DNS 相关的字段：

- nameservers　：DNS 服务器地址数组，可以指定多个，使用简单的轮询算法；
- retrans　：DNS 服务器的重试次数，可以省略，默认是 5 次；
- timeout　：单次 DNS 查询的超时时间，可以省略，默认是 2 秒；
- no_recurse　：递归查询标志位，默认是 false，即允许递归查询。

下面的代码创建了一个使用四个 DNS 服务器的域名解析对象：

```
local r, err = resolver:new{                        -- 创建 DNS 解析对象
    nameservers = {"8.8.8.8", {"8.8.4.4", 53},      -- Google 的免费 DNS
                   "4.2.2.1", "4.2.2.2"},           -- Microsoft 的免费 DNS
    timeout = 1000,                                 -- 查询超时为 1000 毫秒
}

if not r then                                       -- 检查对象是否创建成功
    ngx.say("failed to init resolver: ", err)       -- 失败则输出错误信息
end
```

8.4.2　查询地址

有了解析对象后，就可以调用 query 方法向 DNS 服务器发送查询请求：[①]

```
answers, err = r:query(name)                        -- 查询域名对应的 IP 地址
```

查询请求可能会失败，有两种情况。一种是 DNS 服务器无响应，这时 answers 为 nil，具体错误信息在 err 里；另一种是 DNS 服务器正确响应但出错，这时 answers 不空，具体错误信息由 answers.errcode 和 answers.errstr 表示。所以执行 query 方法后要检查两次是否出错，例如：

```
local answers, err =                                -- 发送查询请求
        r:query("www.openresty.org")                -- 查询 OpenResty 官网的地址
if not answers then                                 -- 检查服务器是否有响应
    ngx.say("failed to query: ", err)               -- 输出错误信息
    return
end
```

① query 方法还有两个参数：options 和 tries，涉及 DNS 查询请求的技术细节，本书不做介绍。

```
if answers.errcode then                              -- 检查服务器是否正确响应
    ngx.say("error code: ", answers.errcode, ": ", answers.errstr)
end
```

如果 DNS 服务器正确响应了查询请求，就可以用函数 ipairs 遍历 answers 里的数组，数组的元素以 KV 形式保存了标准的 DNS 解析结果，较常用的字段有：

- name　　：被解析的域名；
- cname　 ：解析得到的 CNAME（别名），可能是 nil；
- address ：解析得到的 IP 地址，可能是 nil；
- ttl　　 ：可以缓存的有效时间（Time To Live）。

这几个字段中我们最应该关心的是 address，因为域名解析存在递归，有时解析的结果不一定是最终的 IP 地址而是 CNAME，所以就需要做额外的检查，忽略 cname 而只使用 address。

下面的示例代码遍历 answers 数组，优先打印出解析结果里的 IP 地址，如果没有 IP 地址则输出 CNAME：

```
for _, rec in ipairs(answers) do                     -- 遍历 answers 数组
    ngx.say(rec.name, " ",                           -- 输出域名
            rec.address or rec.cname,                -- 输出 IP 地址或 CANME
            " ttl:", rec.ttl)                        -- 输出有效时间
end
```

8.4.3 缓存地址

与 resolver 指令不同，lua-resty-dns 库不支持对解析结果的缓存，虽然它是无阻塞的，但如果每次使用域名前都要发送查询请求对运行效率也会有不小的影响，解决办法就是自行缓存解析的结果，而 OpenResty 恰好就提供了现成的手段，那就是 6.6 节介绍的 lua-resty-lrucache 库。

我们可以使用 lua-resty-lrucache 库预先定义一个域名解析的 cache 对象，每次使用域名前先检查 cache，如果没有就调用 lua-resty-dns 库解析，然后存入 cache。因为 lua-resty-lrucache 库支持过期功能，所以可以使用解析结果的 TTL 或者自定义过期时间，完全能够灵活控制。简单的示例如下：

```
local lrucache = require "resty.lrucache"            -- 加载 lrucache 库
local dns, err = lrucache.new(100)                   -- 最多存放 100 个解析结果

local addr = {}                                      -- 使用数组保存多个 IP 地址
```

```
for _, rec in ipairs(answers) do                  -- 遍历 answers 数组
    if rec.address then                           -- 只关心真实 IP 地址
      addr[#addr + 1] = {rec.address, rec.ttl}    -- 加入地址数组
    end
end

dns:set(domain, addr, 30)                         -- 缓存解析结果，有效时间 30 秒
```

8.5 HTTP 客户端

HTTP 协议是目前网络世界里应用的最广泛的协议，它简单方便、适用性强，不仅是普通的 Web 网站，很多应用服务器也基于 RESTful 风格提供 HTTP 协议的调用接口。

OpenResty 目前没有官方的 HTTP 库，但另有一个功能很完善的 HTTP 客户端库 lua-resty-http，支持 HTTP1.0/1.1，可以使用 opm 安装：

```
opm search http                              # 搜索 HTTP 相关库
opm install pintsized/lua-resty-http         # 安装 HTTP 客户端库
```

lua-resty-http 库需要显式加载后才能使用，即：

```
local http = require "resty.http"            -- 加载 lua-resty-http 库
```

8.5.1 创建对象

在访问 HTTP 服务器之前，我们必须调用 new 方法创建连接对象：

```
httpc, err = http:new()                      -- 创建 http 连接对象
```

new 方法其实很简单，它调用了函数 ngx.socket.tcp，执行成功后会返回一个连接对象 httpc，内部持有一个 cosocket，用于之后的连接等操作。

创建对象之后还需要设置超时时间，但函数名与 cosocket 略有不同：

```
httpc:set_timeout(time)                      -- 注意名字里有一个下画线!
httpc:set_timeouts(connect_timeout,          -- 注意名字里有一个下画线!
                   send_timeout, read_timeout)
```

8.5.2 发送请求

lua-resty-http 库支持 HTTP 协议的各种特性，如 SSL、代理、流式收发数据等，有的用法比较复杂，本节只介绍一个简单的接口：request_uri，但足以应对大多数场景，更多功能可参考 GitHub 文档。

函数 request_uri 请求指定的 URI，并获取响应结果：

```
res, err = httpc:request_uri(uri, params)   -- 发送 HTTP 请求
```

参数 uri 是要访问的网址，params 是一个表，指定 HTTP 请求的参数，包括：

- version　　: HTTP 协议版本号，只支持 1.0 和 1.1，默认是 1.1；
- method　　: HTTP 方法，默认是 GET；
- path　　: 请求的 URI，默认是“/”；
- query　　: 请求的参数，可以是字符串或者 Lua 表；
- headers　　: 包含请求头字段的表；
- body　　: 请求体数据，默认是 nil；
- ssl_verify　　: 是否使用 SSL 验证，HTTPS 协议则默认为 true。

如果请求成功，函数会自动把连接对象放入连接池以便长连接复用，返回值 res 是响应的结果，与 ngx.location.capture 类似：

- status　　: 响应状态码；
- headers　　: 响应头；
- body　　: 响应体。

request_uri 的参数较多，看起来似乎难用，但实际上很多参数都可以用默认值，用起来和 ngx.location.capture 差不多，甚至还要略简单一些（因为不需要再配置反向代理的 location），例如：

```
local res, err = httpc:request_uri(          -- 发送 HTTP 请求，默认是 GET
        'http://127.0.0.1',                  -- 指定 IP 地址
        {path = '/echo',                     -- 指定具体路径
         query = {name = 'chrono'}}          -- 请求的参数，使用 Lua 表
        )

if not res then                              -- 检查请求是否成功
    ngx.say("failed to request : ", err)
    return
end

for k,v in pairs(res.headers) do             -- 遍历响应头
    ngx.say(k, ' => ', v)                    -- 输出响应头
end
ngx.say(res.body)                            -- 输出响应体

local res, err = httpc:request_uri(          -- 发送 HTTP 请求，默认是 GET
        'http://nginx.org',                  -- 指定域名，需要预先定义 DNS 服务器
```

```
    {path = '/en/download.html',            -- 指定具体路径
     headers = {name = 'chrono'}}           -- 额外的请求头
    )

ngx.say("status : ", res.status)            -- 输出响应状态码
ngx.say("body len : ", #res.body)           -- 输出响应体长度
```

要注意的是 lua-resty-http 库不能“直接”解析 URI 里的域名。如果 URI 使用域名的方式，需要在配置文件里使用 resolver 指令指定 DNS 服务器，或者预先使用 8.4 节的 lua-resty-dns 库解析出域名对应的 IP 地址。

8.6 WebSocket 客户端

WebSocket 协议是 HTML5 标准的一部分，最初的目的是实现浏览器与服务器的实时通信，但现在已经广泛应用于在线聊天、网络游戏等更多的场景。它位于 TCP 之上，使用与 HTTP 协议相同的端口并利用 HTTP 协议完成握手建连，之后就可以进行双向全双工的数据传输（关于 WebSocket 更详细的介绍可参见第 13 章）。

OpenResty 发行包内置 lua-resty-websocket 库，其中的模块 resty.websocket.client 实现了非阻塞的 WebSocket 客户端，需要显式加载后才能使用，即：

```
local client = require "resty.websocket.client"    -- 加载 WebSocket 库
```

8.6.1 创建对象

在连接 WebSocket 服务器之前，我们需要调用 new 方法创建连接对象：

```
wb, err = client:new(opts)                         -- 创建 WebSocket 连接对象
```

参数 opts 是可选的，以表的形式指定 WebSocket 协议的基本参数：

- max_payload_len　：数据帧的最大长度，默认是 65535 字节；
- send_unmasked　　：是否发送未掩码的数据帧，默认是 false；[①]
- timeout　　　　　：超时时间，单位是毫秒。

new 方法执行后会返回连接对象 wb，内部使用 cosocket 来收发数据，例如：

```
local wb, err = client.new{                    -- 创建 WebSocket 连接对象
    timeout = 5000,                            -- 超时时间 5 秒
```

① 依据 WebSocket 标准，客户端与服务器通信必须发送 masked 数据，所以这个参数最好使用默认值 false。

```
    max_payload_len = 1024 * 64,          -- 数据帧最大 64KB
  }
```

如果创建对象时不使用 opts 参数，也可以稍后使用函数 set_timeout 再设置超时时间，但要注意函数名与 cosocket 的超时函数不同：

```
wb:set_timeout(time)                      -- 注意名字里有一个下画线!
```

8.6.2 建立连接

函数 connect 使用形如“ws://...”或“wss://...”的 URI 连接 WebSocket 服务器：

```
ok, err = wb:connect(uri, opts)           -- 连接 WebSocket 服务器
```

与 cosocket 的 connect 函数一样，它会优先复用在连接池里的空闲连接。如果连接成功，返回 ok，否则返回错误原因。

参数 opts 是一个表，可以省略，用于指定连接服务器时的额外选项：

- protocols ：使用的子协议（subprotocols）；
- origin ：连接时的 Origin 头字段的值；
- pool ：使用的连接池的名字，默认会使用 uri；
- ssl_verify ：是否使用 SSL/TLS 通信，即 wss 协议。

下面的代码连接到了一个本地的 WebSocket 服务器，参数均使用默认值：

```
local ok, err =
      wb:connect("ws://127.0.0.1:86/srv")  -- 连接 WebSocket 服务器
if not ok then                             -- 检查是否连接成功
    ngx.say("failed to connect: ", err)    -- 失败则记录日志
    return
end
```

8.6.3 关闭连接

函数 close 会发送一个“close”帧（内部调用 send_close），然后关闭连接：

```
ok, err = wb:close()                       -- 关闭连接
```

8.6.4 复用连接

函数 set_keepalive 使用 cosocket 的能力复用连接，它关闭连接并放入连接池，但注意与 cosocket 的名字不完全相同（有下画线）：

```
ok, err       = wb:set_keepalive(timeout, size)  -- 放入连接池
```

8.6.5 发送数据

依据 WebSocket 协议的规定，lua-resty-websocket 库提供了六个发送函数：

```
bytes, err = wb:send_text(text)                       -- 发送文本帧
bytes, err = wb:send_binary(data)                     -- 发送二进制帧
bytes, err = wb:send_ping(msg)                        -- 发送 ping 帧
bytes, err = wb:send_pong(msg)                        -- 发送 pong 帧
bytes, err = wb:send_close(code, msg)                 -- 发送 close 帧
bytes, err = wb:send_frame(fin, opcode, payload)      -- 发送原始（raw）数据帧
```

这些函数的用法基本相同，发送不同类型的 WebSocket 数据，如果成功会返回发送的字节数，失败则是 nil 和错误原因。

实际开发中较常用的是 send_ping、send_text 和 send_binary，示例代码如下：

```
local bytes, err                                -- 返回值使用的变量声明

bytes, err = wb:send_ping()                     -- 发送 ping
if not bytes then                               -- 检查是否发送成功
   ngx.say("failed to ping: ", err)
end

bytes, err = wb:send_text("hello wb")           -- 发送文本数据
if not bytes then                               -- 检查是否发送成功
   ngx.say("failed to send: ", err)
end
```

8.6.6 接收数据

lua-resty-websocket 库接收数据只有一个函数：

```
data, typ, err = wb:recv_frame()                -- 接收 WebSocket 数据帧
```

因为 WebSocket 协议使用的是二进制帧，所以返回值 typ 标识了帧的类型，取值为 continuation、text、binary、close、ping、pong 或 nil（未知类型），我们收到数据后必须使用 typ 区分类型分别处理，例如：

```
local data, typ, err                            -- 返回值使用的变量声明

data, typ, err = wb:recv_frame()                -- 接收数据

if not data then                                -- 检查是否接收成功
```

```
    ngx.log(ngx.ERR, "failed to recv: ", err)
    return
end

if typ == "pong" then                                   -- pong 数据帧
    ngx.say("recv pong")
end

if typ == "text" then                                   -- 文本数据帧
    ngx.say("recv: ", data)
end
```

8.7 Redis 客户端

Redis 是近几年业内非常流行的内存 KV 存储系统，以速度快和丰富的数据类型而闻名，可以用在缓存、消息队列、数据库等领域，许多国内外知名公司都是它的用户。

OpenResty 发行包内置了 lua-resty-redis 库，它基于 cosocket 实现了非阻塞的 Redis 客户端，支持 Redis 的所有命令以及管道操作。

lua-resty-redis 库需要显式加载后才能使用，即：

```
local redis = require "resty.redis"             -- 加载 lua-resty-redis 库
```

8.7.1 创建对象

在操作 Redis 之前，我们应当调用 new 方法创建连接对象：

```
rds, err = redis:new()                          -- 创建 Redis 连接对象
```

new 方法执行成功后会返回一个连接对象 rds，内部持有一个 cosocket。

创建对象之后还需要设置超时时间，但函数名与 cosocket 略有不同：

```
rds:set_timeout(time)                           -- 注意名字里有一个下画线!
```

8.7.2 建立连接

函数 connect 使用地址、端口等参数连接 Redis 服务器：[①]

```
ok, err = rds:connect(host, port)               -- 连接 Redis 服务器
```

① connect 函数还可以接受第三个参数 options，指定连接池的名字，但通常无必要，故未介绍。

它也会优先复用连接池里的空闲连接。如果连接成功，返回 ok，否则返回错误原因。

下面的示例创建了 Redis 对象，并连接到本地服务器：

```
local redis = require "resty.redis"            -- 加载 resty.redis 模块

local rds = redis:new()                        -- 新建一个 redis 连接对象
rds:set_timeout(1000)                          -- 设置超时时间为 1000 毫秒

ok, err = rds:connect("127.0.0.1",6379)        -- 连接 Redis 服务器
if not ok then                                 -- 检查是否连接成功
    ngx.say("failed to connect : ", err)
    rds:close()                                -- 连接失败需要及时关闭释放连接
    return
end
```

8.7.3 关闭连接

Redis 操作完毕或者出错，应该调用函数 close 关闭连接，释放 cosocket 资源：

```
ok, err = rds:close()                          -- 关闭连接
```

8.7.4 复用连接

lua-resty-redis 库复用连接功能基于 cosocket，同样有两个函数用来放入连接池和获取复用次数，但需要注意名字有微小的不同（名字里有下画线）：

```
ok, err       = rds:set_keepalive(timeout, size)      -- 放入连接池
count, err    = rds:get_reused_times()                -- 获取复用次数
```

如果 Redis 服务器开启了认证功能，那么 connect 后使用 get_reused_times 函数就可以检查连接是否已经认证过了（即 count>0），避免重复发送 auth 命令。

8.7.5 执行命令

lua-resty-redis 库使用了动态生成 Redis 命令的技巧，不仅支持现有的命令，也能够支持今后可能新出的命令。每个 Redis 命令对应一个同名的函数，只是变为了小写的形式，例如 SET 对应 rds:set，INCR 对应 rds:incr，基本形式是：

```
res, err = rds:command(key, ...)               -- 执行 Redis 命令
```

需要特别注意一点：如果命令的执行结果是 NULL，那么在 OpenResty 里会表示为常量 ngx.null 而不是 nil，即执行成功但返回的是空结果。

下面的代码示范了一些 Redis 命令的的用法（省略了错误处理）：

```
ok, err = rds:set("metroid", "prime")              -- 向 Redis 写入数据

res, err = rds:get("metroid")                      -- 从 Redis 读取数据
assert(res ~= ngx.null)                            -- 结果不是 NULL
assert(res == "prime")                             -- 检查读取的数据

ok, err  = rds:hset('zelda', 'bow', 2017)          -- 设置散列数据
res, err = rds:hget('zelda', 'bow')                -- 读取散列数据

ok, err = rds:del('list')                          -- 删除一个键
ok, err = rds:lpush('list', 1,2,3,4)               -- 向列表添加多个元素

res, err = rds:lpop('list')                        -- 从列表弹出一个元素
```

8.7.6 管道

Redis 支持“管道”技术，当操作大批量的数据时可以压缩网络时延，加快数据的处理速度，lua-resty-redis 库为此提供了三个函数：

```
rds:init_pipeline(n)                        -- 启动管道操作，n 是预估命令数量
results, err = rds:commit_pipeline()        -- 提交管道操作
rds:cancel_pipeline()                       -- 取消管道操作
```

在 OpenResty 里使用 Redis 管道非常简单，首先调用 init_pipeline 启动管道，然后正常发送 Redis 命令，当积累到足够多后就调用 commit_pipeline 把命令批量提交给 Redis 服务器处理。如果中途有意外发生，就调用 cancel_pipeline 取消管道操作，例如：

```
rds:init_pipeline(10)                       -- 启动管道操作，加快执行速度

for i=1,10 do                               -- 连续发送多个 Redis 命令
  ok, err = rds:rpush('numbers', i)         -- 向列表添加数据
  if not ok then                            -- 检查是否操作成功
      rds:cancel_pipeline()                 -- 失败则取消管道操作
  end
end

results, err = rds:commit_pipeline()        -- 提交管道操作
```

不过 Redis 管道也不是万能的，它把众多命令集中保存后一次性发送，是典型的“空间换时间”，如果数据量很大就可能会占用较多的服务器内存、网络带宽和 CPU 时间，使用时需要综合考虑，例如切分成较小的批次再逐个使用管道发送。

8.7.7 脚本

Redis 使用 multi/exec 命令支持“事务”操作，保证一连串命令的原子性，但如果 Redis 版本在 2.6 以上，内嵌支持 Lua，就完全可以把复杂的事务过程编写成 Lua 脚本，让业务逻辑跑在 Redis 内部，消除通信交互的成本，比 multi/exec 更好。

因为 OpenResty 的工作语言也是 Lua，所以我们可以在 OpenResty 的 Lua 代码里编写运行在 Redis 里的 Lua 代码，实现“强强组合”。

运行 Redis 的 Lua 脚本需要使用命令 EVAL 或 EVALSHA，在脚本里用 KEYS/ARGV 表获取脚本参数，redis.call(*cmd*, ...)来执行 Redis 命令（更详细的命令格式和函数接口可参阅 Redis 文档）。

下面的代码使用 Lua 脚本实现了简单的访问频率限制：

```
local scripts = [[                                    -- 运行在 Redis 里的 Lua 代码
   local key    = KEYS[1]                             -- 获取键值
   local limit  = ARGV[1] or 100                      -- 获取第一个参数，限制数量
   local time   = ARGV[2] or 60                       -- 第二个参数，限制时间

   local count = redis.call('incr', key)              -- 计数器增加

   if count == 1 then                                 -- 是否是第一次访问
      redis.call('expire', key, time)                 -- 设置过期时间
   end

   return count >= limit and                          -- 检查访问数量限制
            'deny' or 'allow'                         -- 返回'deny'或'allow'
]]                                                    -- 运行在 Redis 里的 Lua 代码结束

res, err = rds:eval(                                  -- 向 Redis 发送脚本
        scripts, 1, 'client_addr')                    -- 传递 key，其他参数使用默认值
if res == 'allow' then                                -- 检查脚本的执行结果
   ngx.say('allow access')
end
```

8.8 MySQL 客户端

MySQL 是一个非常著名的关系型数据库，特点是开源、免费、性能高、功能丰富，在很多企业内部都得到了广泛的应用。OpenResty 基于 cosocket 提供了高效的客户端库 lua-resty-mysql，默认内置在 OpenResty 发行包内，可以直接使用。

lua-resty-mysql 库需要显式加载后才能使用，即：

```
local mysql = require "resty.mysql"          -- 加载 lua-resty-mysql 库
```

8.8.1 创建对象

在操作 MySQL 数据库之前，我们必须调用 new 方法创建数据库对象：

```
db, err = mysql:new()                        -- 创建数据库对象
```

new 方法内部调用了函数 ngx.socket.tcp，执行成功后会返回一个内部持有 cosocket 的 db 对象，用于之后的连接数据库等操作。

创建对象之后同样还需要设置连接、收发数据的超时时间：

```
db:set_timeout(time)                         -- 注意名字里有一个下画线！
```

8.8.2 建立连接

函数 connect 使用地址、端口、用户名、密码等参数连接数据库：

```
ok, err, errcode, sqlstate = db:connect(options) -- 连接数据库服务器
```

参数 options 是一个表，指定连接 MySQL 服务器的各种参数，较常用的字段有：

- host　　：服务器的名字，可以是 IP 地址或者主机名；
- port　　：服务器的端口号，默认值是 3306；
- path　　：如果服务器使用 Unix Domain Socket，在这里指定文件名；
- database ：数据库的名字；
- user　　：登录服务器的用户名；
- password ：登录服务器的密码；
- charset ：使用的字符集。

因为基于 cosocket，connect 函数也会优先复用在连接池里的连接。如果连接成功，返回 ok，否则返回错误原因、错误码等信息。

下面的代码连接到了本地的一个 MySQL 数据库：

```
local mysql = require "resty.mysql"        -- 加载 lua-resty-mysql 库

local db, err = mysql:new()                -- 创建数据库对象
if not db then                             -- 检查数据库对象是否创建成功
  ngx.say("new msyql failed : ", err)
  return
```

```
end

db:set_timeout(1000)                             -- 设置超时时间为 1000 毫秒

local opts = {                                   -- 指定连接服务器的各种参数
    host      = "127.0.0.1",                     -- 服务器地址
    port      = 3306,                            -- 服务器端口号
    database  = 'openresty',                     -- 数据库名
    user      = 'chrono',                        -- 登录用户名
    password  = 'xxxxxx',                        -- 登录密码
    }

local ok, err = db:connect(opts)                 -- 连接数据库服务器
if not ok then                                   -- 检查是否连接成功
  ngx.say("connect msyql failed : ", err)
  db:close()                                     -- 连接失败需要及时关闭释放连接
  return
end
```

8.8.3 服务器版本号

连接成功后可以调用函数 server_ver 获取 MySQL 服务器的版本号，例如：

```
ngx.say("ver : ", db:server_ver())           -- 输出版本号，如“5.5.59-0”
```

8.8.4 关闭连接

数据库操作完毕或者出错，应该调用函数 close 关闭连接，释放 cosocket 资源：

```
ok, err = db:close()                         -- 关闭连接
```

8.8.5 复用连接

lua-resty-mysql 库的复用连接功能与 lua-resty-redis 库基本相同，有两个函数用来放入连接池和获取复用次数：

```
ok, err      = db:set_keepalive(timeout, size)            -- 放入连接池
count, err   = db:get_reused_times()                      -- 获取复用次数
```

8.8.6 简单查询

connect 连接成功后，我们就可以使用 query 函数向服务器发送 SQL 语句，形式是：

```
res, err, errcode, sqlstate = db:query(stmt, nrows)     -- 执行查询语句
```

函数要求 MySQL 服务器执行语句 stmt，参数 nrows 是预估的可能结果行数，OpenResty 会使用它来预先分配内存空间提高效率，也可以省略不提供。

如果执行成功，返回值 res 里保存了 MySQL 的查询结果，否则就是 nil。

对于 create/insert/delete 等非 select 语句，res 使用 insert_id、server_status、affected_rows 等字段表示 MySQL 数据库的变动情况，例如：

```
{
    insert_id          = 0,                     -- 自增序列生成的 id 号
    server_status      = 2,                     -- 服务器状态码
    warning_count      = 0,                     -- 警告的数量
    affected_rows      = 1,                     -- 本次操作变动的行数
    message            = nil                    -- 具体描述信息
}
```

对于 select 语句，res 是一个结果集，使用多个 Key-Value 表表示查询记录。如果某个字段值是 NULL，那么在 OpenResty 里会表示为常量 ngx.null，例如：

```
{
    { name = "lua",   id = 1},                  -- 第一条查询记录
    { name = "nginx", id = ngx.null}            -- 第二条查询记录，id 字段是 NULL
}
```

下面的示例使用 query 函数执行了多个 SQL 语句（简单起见均省略了错误处理逻辑）：

```
local res, err, errcode, sqlstate               -- 查询使用的返回值变量

res, err = db:query(                            -- 执行 drop table 语句
        "drop table if exists test")

res, err = db:query(                            -- 执行 create table 语句
        "create table test(id int, name char(5))")

res, err = db:query(                            -- 执行 insert 语句
        "insert into test values(1, 'lua')")
assert(                                         -- 检查返回结果
    res.insert_id == 0 and res.affected_rows == 1)

res, err = db:query(                            -- 插入第二条记录，id 是 NULL
        "insert into test(name) values('nginx')")

res, err = db:query("select * from test",5) -- 执行 select 语句，可能有 5 条记录

for i,rows in ipairs(res) do                    -- 遍历结果集数组
  for k,v in pairs(rows) do                     -- 逐个输出记录里的字段和值
```

```
      ngx.print(k, " = ", v, ";")
    end
end
```

8.8.7 高级查询

lua-resty-mysql 库里还有两个函数可用于执行 SQL 查询操作，它们是：

```
bytes, err                       = db:send_query(stmt)        -- 发送查询语句
res, err, errcode, sqlstate = db:read_result(nrows)    -- 获取查询结果
```

这两个函数的参数和返回值的含义与 query 完全相同，实际上 query 函数就是它们的组合简化操作，即：

```
function _M.query(self, stmt, est_nrows)                    -- query 的实现代码
  local bytes, err = send_query(self, stmt)                 -- 发送查询语句
  if not bytes then                                         -- 检查是否发送成功
     return nil, ...                                        -- 失败则返回错误信息
  end
  return read_result(self, est_nrows)                       -- 获取查询结果
end
```

函数 send_query 和 read_result 相当于 cosocket 里的 send 和 receive，分离了数据的收发操作，因而可以更灵活地与 MySQL 服务器通信。

在调用 query 或 send_query 执行查询时还可以使用“;”分隔多个 SQL 语句发起多个查询操作，这时返回值 err 会是一个特殊的字符串“again”，表示本次查询有不止一个结果，必须要再调用 read_result 函数来获取其他的结果，直至 err 不是“again”（出错或者 nil），例如：

```
res, err = db:send_query("select 1;select 2")             -- 发送查询语句

repeat                                                      -- 循环检查返回值 err
   res, err = db:read_result()                              -- 获取查询结果
   if not res then                                          -- 检查是否出错
      ngx.say("query failed : ", err)
      ngx.exit(500)
   end
   ngx.say(cjson.encode(res))                               -- JSON 编码输出
until err ~= 'again'                                  -- 循环结束的条件是 err 非'again'
```

8.8.8 防止 SQL 注入

“SQL 注入”是对关系型数据库的一种常见的攻击手段，防御的方法有很多，比较合理的

做法是避免拼接 SQL 语句，而是使用预编译语句和参数化查询功能。不过目前 lua-resty-mysql 库暂时不支持这么做，但可以使用传统的转义字符串的方式，调用函数 ngx.quote_sql_str，例如：

```
local str = "';show tables"                -- 可能有危险的 SQL 语句
ngx.say(ngx.quote_sql_str(str))            -- 转换为安全的字符串
```

8.9 总结

在 OpenResty 里有两种访问后端服务的方式：location.capture 和 cosocket，两者都是完全非阻塞的，使用它们可以轻易实现高性能的并发编程。

location.capture 是较“传统”的方式，需要配合 Nginx 反向代理模块“间接地”访问后端服务。它的调用成本略高，使用起来也不太方便，除非有特殊需求不推荐使用。

cosocket 是 OpenResty 中最有价值的功能之一，它的接口简单灵活，而且内建连接池机制支持长连接，能够以非常直观的同步方式编写 100%无阻塞的网络通信代码，高效地访问后端的 TCP/UDP 服务。

OpenResty 里的很多库都是基于 cosocket 实现的，本章介绍了 DNS、HTTP、WebSocket、Redis、MySQL 等客户端库。这些客户端的操作都大同小异：首先 new 创建对象，然后 set_timeout 设置超时时间，再传入参数调用 connect 连接服务器，send/receive 收发数据之后 close 关闭连接，或者用 set_keepalive 复用连接。要注意的是有的函数名字与 cosocket 的不同，如 set_timeout、set_keepalive 等，编写代码时必须小心避免笔误。

除了本章里的这些客户端，OpenResty 还拥有很多第三方库，支持与更多的后端服务交互，例如 PostgreSQL、MangoDB、Memcached、Cassandra、Couchbase、Kafka、Consul 等。而且即使没有现成的库，我们也完全可以利用 cosocket 自己实现客户端。

第 9 章 反向代理

反向代理是 OpenResty 的一个重要用途，它资源消耗很低，转发性能极高，支持 HTTP、FastCGI、Memcached、Redis、MySQL、gRPC 等多种后端，所以经常用在网络的关键节点或网站架构的最前端，承担流量入口的重任，提高系统的整体可靠性。

作为反向代理，OpenResty 除了最基本的数据转发功能，还具有负载均衡、内容缓冲、安全防护等许多高级特性，内嵌 Lua 脚本使它定制化程度更高，比起其他同类软件有更多的灵活性和竞争力。

9.1 简介

OpenResty 用于反向代理时主要使用三类指令：

- 上游集群指令：upstream、server、ip_hash、least_conn 等；[①]
- 代理转发指令：proxy_pass、fastcgi_pass、grpc_pass 等；
- 镜像转发指令：目前只有一个 mirror，仅能在 http 子系统里使用。

这三类指令实现了反向代理的两个重要部分：上游集群和转发机制。

upstream 系列指令定义了能够访问的后端服务器集群和负载均衡策略，是反向代理的核心。在 OpenResty 里可以使用 upstream 定义任意多个上游集群，分组管理众多的后端服务器。每个集群内部又可以再做分组，分为主服务器（primary）和备份服务器（backup）。主服务器提供正常的服务，备份服务器提供“应急”服务，当所有的主服务器都失效时才会启

① 商业版本的 Nginx Plus 还支持使用 sticky 指令实现会话保持，使用 zone 指令在共享内存里定义 upstream 集群，以及 resolve、service、drain 等新属性来描述 server。

用备份服务器。集群里的服务器也可以拥有多个 IP 地址（通常是由于域名解析的原因），这在 OpenResty 里被称为“peer”，负载均衡算法基于 peer 而不是 server 进行调度。

代理转发指令实现向各种后端服务的请求转发，例如 proxy_pass 转发 HTTP/HTTPS 请求，fastcgi_pass 转发 FastCGI 请求。它们利用 upstream 定义的集群和算法选择一个恰当的后端服务器，在客户端与后端服务器之间建立了一个高效的数据传输通道，并且还可以执行缓冲、过滤等附加功能，减轻后端的压力。

镜像转发指令是一种特殊的请求转发，它基于子请求机制，把入口的流量数据原样“镜像”到另外的一个或多个后端，而且是实时的流量复制，通常用于版本预上线或压力测试。[①]

可见，OpenResty 的反向代理工作模式与普通的 HTTP 服务有很大不同，不会使用“content_by_lua”和“ngx.req.*”自己处理请求生成响应内容，而是“透明”地转发请求。这时我们就需要在 content 阶段之外编写 Lua 代码，辅助反向代理指令工作，常用的执行阶段有：

- access_by_lua　　　　　　: 访问权限控制，安全防护；
- balancer_by_lua　　　　　: 自定义负载均衡策略；
- header/body_filer_by_lua: 过滤下行数据；
- ngx.timer　　　　　　　　: 定时更新数据，后端健康检查。

接下来本章将详细介绍 OpenResty 的两个反向代理专用功能：ngx.upstream 和 ngx.balancer。

9.2　上游集群

upstream 指令定义了一个或多个上游的服务器集群，集群内的服务器使用某种算法做负载均衡，可以很方便地管理大量的后端服务。

OpenResty 在库 ngx.upstream 里提供了数个接口，能够在 Lua 代码中随时获取这些服务器集群的信息，并进行简单的管理。

ngx.upstream 需要显式加载后才能使用，即：

```
local upstream = require "ngx.upstream"          -- 显式加载 ngx.upstream 库
```

在后续的讨论中我们假设有如下的两个上游集群配置：

① 目前的镜像转发指令 mirror 功能还比较简单，不支持变量，也就不能实现动态配置。

```
upstream backend1 {                                      #第一个上游集群
    server www.chrono.com     weight=2;                  #服务器权重值是 2
    server www.metroid.net    max_fails=5;               #10 秒内失败 5 次就认为不可用
}

upstream backend2 {                                      #第二个上游集群
    server 127.0.0.1:83;                                 #主服务器
    server 127.0.0.1:84       backup;                    #备份服务器
}
```

9.2.1 静态服务器信息

ngx.upstream 里有两个函数用于获取配置文件中的上游集群信息，因为这些信息是写在配置文件里的，运行中不可变，所以是“静态信息”：

- get_upstreams：获取所有 upstream{}块的名字，以数组的形式返回；
- get_servers：获取指定 upstream{}块内所有 server 的信息，server 的信息使用字段 name/addr/weight/max_fails 等描述。[1]

函数的声明是：

```
names        = upstream.get_upstreams()                -- 获取 upstream 块的名字
servers, err = upstream.get_servers(upstream_name)     -- 获取块内的 server 信息
```

下面的代码使用这两个函数输出了当前 OpenResty 里所有的上游服务器静态信息：

```
local names = upstream.get_upstreams()                  -- 获取所有 upstream 块的名字

for i,n in ipairs(names) do                             -- 遍历 upstream 数组
  local srvs,err = upstream.get_servers(n)              -- 获取块内的 server 信息
  if not srvs then                                      -- 可能有的上游里无 server
      ngx.say("failed to get servers in ", n)
      goto continue                                     -- continue 跳过后续代码
  end

  ngx.say("upstream : ", n)                             -- 输出上游集群的名字
  for i,s in ipairs(srvs) do                            -- 遍历 server 数组
      for k,v in pairs(s) do                            -- 逐个输出参数字段
          ngx.print(k, "=", v, ";")
      end
end                                                     -- 遍历 server 数组结束
::continue::                                            -- continue 标签
```

---

① 目前 OpenResty 尚不能获取 Nginx 1.11.5 之后新增的 max_conns 属性。

```
end                                         -- 遍历 upstream 数组结束
```

运行这段代码的输出结果是（省略了部分字段）：

```
upstream : backend1
weight=2;name=www.chrono.com;fail_timeout=10;max_fails=1;
weight=1;name=www.metroid.net;fail_timeout=10;max_fails=5;

upstream : backend2
weight=1;name=127.0.0.1:83;fail_timeout=10;
fail_timeout=10;name=127.0.0.1:84;backup=true;
```

可以看到这些数据与配置文件里定义的 upstream{}完全一致，因为是“静态”信息，所以在服务的整个生命周期中不会变动（除非修改配置文件后 reload）。

9.2.2 动态服务器信息

get_servers 函数获得的服务器信息只是在配置文件里的固定数据，而在反向代理过程中，后端服务器相关的连接数、失败次数等参数会不断变化，实时地反映服务器的状态，这些动态的信息需要使用另外两个函数获取：

```
peers,err = upstream.get_primary_peers(upstream_name)  -- 主服务器信息
peers,err = upstream.get_backup_peers(upstream_name)   -- 备份服务器信息
```

这两个函数的接口完全相同，获取某个 upstream 块内的 server 动态信息，区别在于前者(get_primary_peers)获取的是主服务器(非备份)信息，后者(get_backup_peers)获取的是备份服务器信息。

与 get_servers 类似，这两个函数也会返回一个 KV 数组，用若干字段标记了服务器的当前状态，较常用的有：

- id　　　　：服务器在此集群里的内部序号；
- name　　　：服务器的 IP 地址（虽然字段的名称是“name”）；
- conns　　 ：当前的活跃（active）连接数；
- fails　　 ：当前的连接失败次数；
- accessed　：最后一次尝试访问的时间戳；
- checked　 ：最后一次检查的时间戳；
- down　　　：服务器是否下线，下线为 true，否则为 nil。

使用这两个函数，我们就可以随时监控上游服务器集群的状态（可以使用 ngx.timer），

再制定策略决定如何管理维护集群，例如：[1]

```
local peers =                                          -- 获取主服务器信息
    upstream.get_primary_peers("backend2")

for _, p in ipairs(peers) do                           -- 遍历peers数组
  ngx.say("id: ", p.id, " ; name: ", p.name)           -- 输出几个关键字段
  ngx.say("conns: ", p.conns, "; fails: ", p.fails)
  ngx.say("down: ", p.down or false)
end
```

9.2.3 服务器下线

当我们使用函数 get_primary_peers/get_backup_peers 检测了后端服务器的状态后，就可以调用函数 set_peer_down 来动态地下线或上线某台服务器，无须修改配置文件：

```
ok, err = upstream.set_peer_down(                      -- 下线或上线服务器
    upstream_name, is_backup, peer_id, down_value)
```

函数的前三个参数指定了上游服务器集群名、主备服务器和服务器序号，最后一个参数 down_value 则决定服务器是否下线，下线值为 true，否则为 false。

假设在某个时刻，我们检测到 backend2 里的第 0 号主服务器（即 127.0.0.1:83）的 fails 超过了预定的次数，那么就可以让它主动下线（也许还应该通知运维人员去检查故障）：

```
upstream.set_peer_down(                        -- 主动下线一个服务器
    "backend2", false, 0, true)                -- backend2 里的第 0 号主服务器
```

当故障排除后，同样也可以让它上线继续提供服务：

```
upstream.set_peer_down(                        -- 上线一个服务器，参数是 false
    "backend2", false, 0, false)               -- backend2 里的第 0 号主服务器
```

必须需要注意的是服务器上线或下线操作仅对当前的进程生效，如果想要在多个 worker 进程间同步服务器状态就需要使用其他手段（例如 10.1 节的共享内存）。

9.2.4 当前上游集群

在 filter 阶段（即 header/body_filer_by_lua）使用函数 current_upstream_name 可以获得当前正在使用的 upstream{}块的名字，再配合 get_servers、get_

① OpenResty 发行包内置库 lua-resty-upstream-healthcheck，它基于 ngx.timer 和 ngx.upstream 实现了后端服务器健康检查，读者可以参考。

primary_peers 等函数就可以得知具体使用的是哪一台服务器，例如：

```
local name = upstream.current_upstream_name()   -- 当前正在使用的 upstream 块
local addr = ngx.var.upstream_addr              -- 反向代理的上游 IP 地址

local srvs,err =                                -- 获取主服务器信息
        upstream.get_primary_peers(name)
for _,s in ipairs(srvs) do                      -- 遍历 peers 数组
  if string.find(addr, s.name, 1, true) then    -- 检查 IP 地址是否相符
     ngx.log(ngx.ERR, "use srv id: ", s.id)     -- 得到服务器的 id
  end
end
```

9.3 负载均衡

使用 OpenResty 做反向代理的传统模式是在配置文件的 upstream{}块里书写多个服务器定义集群。这种方式不够灵活，增减服务器必须手动修改配置后重启 OpenResty，会影响正常服务。

OpenResty 的"balancer_by_lua"指令让动态负载均衡成为了可能，它代替了原生的 hash/ip_hash/least_conn 等算法，不仅可以自由定制负载均衡策略，还可以随意调整后端服务器的数量，完全超越了 upstream 系列指令，实现接近商业版 Nginx Plus 的功能。

9.3.1 使用方式

"balancer_by_lua"不涉及具体的请求处理，工作在 upstream{}块内，需要预先定义一个"占位"用的 server，而且之后不能定义其他的负载均衡算法（会导致冲突），如果还要使用 keepalive 指令则必须在它之后，例如：

```
upstream dyn_backend {                                #动态上游集群
  server 0.0.0.0;                                     #占位用，无实际意义
  balancer_by_lua_file service/proxy/balancer.lua;    #执行负载均衡的 Lua 代码
  keepalive 10;                                       #需在 balancer 指令之后
}
```

"balancer_by_lua"也是一个比较特殊的执行阶段，在这里不能使用 ngx.sleep、ngx.req.*或 cosocket，同时应当尽量避免大计算量操作或磁盘读写，否则会导致阻塞。

动态负载均衡使用的服务器列表通常存储在外部的 Redis 或 MySQL 里，由于不能直接使用 cosocket，所以在"balancer_by_lua"里也就不能操作这些服务器。但这并不是什么

大问题，我们完全可以在其他的阶段（例如 access_by_lua、ngx.timer）里访问服务器获取列表、解析域名，然后放在 ngx.ctx 或全局模块里传递过来。

9.3.2 功能接口

在“balancer_by_lua”里除了基本的 ngx.*功能接口外，主要使用的是库 ngx.balancer，它必须显式加载后才能使用，即：

```
local balancer = require "ngx.balancer"           -- 显式加载 ngx.balancer 库
```

ngx.balancer 提供四个函数：

- set_current_peer ：设置使用的后端服务器，必须是 IP 地址，不能是域名；
- set_timeouts ：设置后端的连接和读写超时时间，单位是秒；
- set_more_tries ：设置连接失败后的重试次数；
- get_last_failure ：获取上次连接失败的具体原因。

这几个函数的用法都很简单，动态负载均衡的重点其实是服务器列表的维护和选择算法[①]，这些工作通常应该在“balancer_by_lua”之外完成，ngx.balancer 只是最后的执行者。

下面的代码是 ngx.balancer 的典型用法，使用了固定的服务器列表和随机数来选择后端，实际应用时应该替换为动态更新的数据和更有意义的算法：

```
local servers = {                                   -- 简单的服务器列表，IP 地址
    {"127.0.0.1", 80},                              -- 实际上应该从 Redis
    {"127.0.0.1", 81},                              -- 等服务器里动态加载
}

balancer.set_timeouts(1, 0.5, 0.5)                  -- 后端的连接和读写超时时间
balancer.set_more_tries(2)                          -- 连接失败后最多再重试 2 次

local n = math.random(#servers)                     -- 这里使用随机算法作为示例

local ok, err = balancer.set_current_peer(          -- 设置使用的后端服务器
                    servers[n][1], servers[n][2])   -- 使用 IP 地址和端口号
if not ok then                                      -- 检查是否设置成功
    ngx.log(ngx.ERR, "failed to set peer: ", err)
    return ngx.exit(500)
end
```

① 在 GitHub 上有一个 Lua 库“lua-resty-balancer”，实现了与 Nginx 原生兼容的 chash 和 round robin 算法，可以用在“balancer_by_lua”里。

另一种实现方式是把负载均衡算法的主要计算工作放在“access_by_lua”等阶段里完成，这样更加灵活，计算出的后端服务器地址等数据放在 ngx.var 或 ngx.ctx 里传递，“balancer_by_lua”阶段只需要少量的代码：

```
local server = ngx.ctx.server                        -- 之前计算得到的后端服务器

if balancer.get_last_failure() then                  -- 后端出错，需要重新选择
   server = ...                                      -- 重新计算后端服务器
end

local ok, err = balancer.set_current_peer(           -- 通常无须再计算，直接设置
                    server[1], server[2])            -- IP 地址和端口号
```

9.4 总结

OpenResty 具有优秀的反向代理功能，经常被用在网络的关键节点承担重任，并且还能够使用 ngx.upstream 和 ngx.balancer 实现高级的定制。

ngx.upstream 适用于配置文件里已经存在大量 upstream{}集群定义的用户。这些 upstream{}集群可能是多年积累的“历史遗产”，不能轻易地改造或放弃，ngx.upstream 可以在不触动这些资产的前提下动态地管理维护，减少运维的人工成本。

upstream{}集群里的服务器基于静态的配置文件，所以大部分信息都是只读的，目前我们只能用 set_peer_down 来下线或上线某台服务器，暂不能动态地增减服务器。

ngx.balancer 提供了更加灵活的反向代理功能，可以不受配置文件的限制，从外部的 Redis 或 MySQL 动态更新后端服务器列表，也可以实现任意的负载均衡算法，无须重启服务就能够变动反向代理的内部状态。对于新系统来说，“balancer_by_lua + ngx.balancer”无疑是更好的选择。

使用 ngx.balancer 时需要注意的是它不支持域名，如果后端服务器有域名就需要利用 lua-resty-dns 库（8.4 节）预先解析成 IP 地址。

第 10 章 高级功能

在第 6 章中我们研究了运行日志、编码格式、正则表达式、高速缓存等 OpenResty 的基础功能，本章将介绍共享内存、定时器、进程管理和轻量级线程这四个高级功能，使用它们可以开发出逻辑更复杂、功能更强大的 HTTP 服务和反向代理服务。

10.1 共享内存

共享内存是进程间通信（IPC）的一种常用手段，它在系统内存里开辟了一个特别的区域，多个进程可以共享所有权读写数据，比起信号、管道、消息队列、套接字等其他方式来说速度更快，也更加灵活实用。

OpenResty 内置了强大的共享内存功能，不仅支持简单的数据存取，还支持原子计数和队列操作，用起来就像是一个微型的 Redis 数据库，极大地便利了 worker 进程间的通信和协作，而且还能够演化出许多新的用途，例如缓存、进程锁、流量统计等。[①]

目前 OpenResty 共享内存里存储的数据只能是布尔、数字、字符串这三种类型，如果要保存表这样的复杂数据结构就需要序列化为字符串后才能存入（可以使用 cjson、message-pack 等，见 6.4 节），但这样无疑增加了额外的成本，除非必要不建议这样做。

10.1.1 配置指令

在使用 OpenResty 的共享内存功能之前，需要先在配置文件里定义，格式是：

---

① 在 GitHub 上有一个多级缓存库 lua-resty-mlcache，组合了 lrucache 和 shdict，它尚未加入 OpenResty 官方发行包，但可以使用 opm 安装。

```
lua_shared_dict dict size;          #定义一个名为 dict 的共享内存，大小为 size
```

指令 lua_shared_dict 只能用在 http{}里，不能出现在 server{}或 location{}里。共享内存的大小可以用 k/m 作为单位，最小是 8k，例如：

```
lua_shared_dict shmem 1m;           #定义一个 1m 的共享内存，名字是 shmem
```

指令 lua_shared_dict 定义的共享内存 *dict* 会在 OpenResty 里表示为 ngx.shared 表里的一个对象，即 ngx.shared.*dict*，可以在任意的执行阶段里使用，通常的形式是：

```
local dict = ngx.shared.dict        -- 获取共享内存对象
```

操作共享内存对象需要使用“:”，具体用法与 Redis 命令类似，学习起来非常容易。[①]

10.1.2 写操作

共享内存对象有五种写入数据的方法：

- set ：写入一个值，如果内存已满，会使用 LRU 算法淘汰数据；
- safe_set ：类似 set，但内存满时不会淘汰数据，而是写入失败；
- add ：类似 set，但只有 key 不存在时才会写入；
- safe_add ：类似 add，但内存满时不会淘汰数据，而是写入失败；
- replace ：与 add 相反，只有 key 存在时才会写入。

这几个函数的接口基本相同，声明形式如下：

```
ok, err, forcible   = dict:set      (key, value, exptime, flags)
ok, err             = dict:safe_set(key, value, exptime, flags)
ok, err, forcible   = dict:add      (key, value, exptime, flags)
ok, err             = dict:safe_add(key, value, exptime, flags)
ok, err, forcible   = dict:replace (key, value, exptime, flags)
```

我们以 set 方法为例，讲解共享内存写入数据的具体用法。

set 方法向共享内存写入一个 key-value 对，后两个参数 exptime 和 flags 可以省略。exptime 指定过期时间，单位是秒，默认值是 0 即永不过期。flags 是一个与 key-value 对关联的附加数据，只能是整数，默认是 0，可以自行决定其用途（例如标记数据的版本号）。

set 方法会使用 LRU 算法淘汰数据，第三个返回值 forcible 是淘汰动作执行的标志。如果内存已满，set 就会依据算法淘汰部分数据再尝试写入。写入成功返回值 ok==true，否

---

① OpenResty 还提供一个 lua-resty-shdict-simple 库，可以简化最常用的 get/set 操作，但它不在目前的 OpenResty 官方发行包里。

则 ok==false，err 里是错误原因。

add 和 replace 的用法与 set 类似，区别在于写入时增加了对 key 的检查，add 是新增，replace 是改写。safe_set/safe_add 的用法与 set/add 相同，但它们在内存满时不会淘汰数据，所以是“安全的”。

下面的代码示范了这些操作的用法：

```
local shmem = ngx.shared.shmem              -- 获取之前定义的共享内存对象
local ok, err, f                            -- 预定义返回值变量

ok, err, f = shmem:set("num", 1, 0.05)      -- 写入一个值，0.05 秒后过期
assert(ok and not f)                        -- 写入成功，未淘汰数据

ok, err = shmem:add("num", 1)               -- 新增数据，键值相同
assert(not ok)                              -- 新增失败，之前已经有此键值

ok, err, f = shmem:replace("num", 2)        -- 改写数据
assert(ok)                                  -- 改写成功

ok, err, f = shmem:replace("ver", 1)        -- 改写一个不存在的键值
assert(not ok)                              -- 改写失败

ok, err = shmem:add("ver", 1, 0, 1)         -- 新增一个不存在的键值，置 flags 为 1
assert(ok)                                  -- 新增成功
```

10.1.3 读操作

向共享内存写入数据后就可以用 get 或 get_stale 方法获取数据：

- get　　　：从共享内存里获取一个值，无数据或过期会返回 nil；
- get_stale ：类似 get，但即使数据过期也能得到数据。

函数的声明形式是：

```
value, flags          = dict:get      (key)
value, flags, stale   = dict:get_stale(key)
```

两个函数的调用形式基本相同，返回之前用 set/add 等方法写入的 value 和 flags，get_stale 的第三个返回值是数据是否过期的标志，如果数据已过期就是 true。需要注意的是 flags，如果之前写入时用的是数字 0，那么 get 获得的将是 nil 而不是 0。

get 和 get_stale 方法相对 set 来说用法比较简单，示例如下：

```
local v, flags = shmem:get("ver")          -- 获取之前 add 的数据
assert(v == 1 and flags == 1)              -- 检查写入的数据

ngx.sleep(0.2)                             -- 非阻塞睡眠 0.2 秒

local v, err, stale =
            shmem:get_stale("num")         -- 获取可能过期的数据
```

10.1.4 删除操作

delete 方法可以手动删除共享内存里的数据：

```
dict:delete(key)                           -- 删除共享内存里的数据
```

不管 key 是否存在，delete 方法总会成功，所以它没有返回值。

10.1.5 计数操作

与 Redis 类似，OpenResty 使用方法 incr 提供原子计数操作：

```
newval, err, forcible = dict:incr(key, value, init, exptime)
```

初次调用时它会以 init 为初始值，返回加上步长 value 后的新值，即“newval = init + value”，之后每调用一次都会增加 value，即“newval = newval + value”，例如：

```
local v = shmem:incr("count", 1, 0)       -- 初值 0，加 1，返回值是 1
local v = shmem:incr("count", 5)          -- 加 5，返回值是 6
```

不过与 Redis 的 incr 不同的是，参数 value 和 init 不仅可以是正整数，也可以是负整数，还可以是浮点数，增加的步长也是可变的，所以用起来更灵活：

```
local v = shmem:incr("x", 0.1, -10)       -- 初值-10，加 0.1，返回值是-9.9
local v = shmem:incr("x", 9.9)            -- 再加上 9.9，返回值是 0
```

incr 操作是多进程安全的，所以用途很多，一个常见的用法是请求计数，在“log_by_lua”阶段增加共享内存里的计数器，能够随时获取准确的总请求数量。

10.1.6 队列操作

OpenResty 的共享内存也提供类似 Redis 的队列操作：

- lpush/rpush ：在队列两端添加数据；
- lpop/rpop ：在队列两端弹出数据；
- llen ：获得队列里的元素数量。

这几个函数的声明形式如下：

```
len, err = dict:lpush(key, value)         -- 队列左端添加数据
len, err = dict:rpush(key, value)         -- 队列右端添加数据
val, err = dict:lpop(key)                 -- 队列左端弹出数据
val, err = dict:rpop(key)                 -- 队列右端弹出数据
len, err = dict:llen(key)                 -- 获取队列的长度，即元素数量
```

队列的用法很简单，示例代码如下：

```
local len = shmem:lpush('list', 'a')      -- 左端添加字符 a
local len = shmem:rpush('list', 'z')      -- 右端添加字符 z
local len = shmem:llen('list')            -- 队列目前有两个元素
local v   = shmem:lpop('list')            -- 左端弹出字符 a
local v   = shmem:rpop('list')            -- 右端弹出字符 z
```

使用共享内存的队列功能就可以较容易地在 OpenResty 里让多个 worker 进程协同工作，实现“生产者/消费者”模式。

10.1.7 过期操作

使用 set/add 等操作设置了过期时间后，可以用 ttl 方法检查 key 的剩余时间（time to live）：

```
ttl, err = dict:ttl(key)                  -- 检查 key 的剩余有效时间
```

如果想要延长/缩短 key 的过期时间，或者设置队列的过期时间，可以使用函数 expire：

```
ok, err = dict:expire(key, exptime)       -- 重新设置过期时间
```

这两个方法的示例代码如下：

```
ok, err = shmem:set("data", 100, 0.02)    -- 过期时间是 0.02 秒
local ttl = shmem:ttl("data")             -- 获取过期时间

ngx.sleep(0.03)                           -- 非阻塞睡眠 0.03 秒

v, _, stale = shmem:get_stale("data")     -- 数据已经过期，stale==true
ok, err = shmem:expire("data", 0.1)       -- 重新设置过期时间为 0.1 秒
```

函数 flush_all 可以将共享内存里的所有 key 均置为过期（即失效），相当于“清空”了共享内存，之后的写操作就可以使用 LRU 算法重用这些内存。

flush_all 仅是对数据做了过期标记，并没有真正释放已分配的内存，如果想要真正“清空”共享内存，可以再调用 flush_expired，它会彻底释放内存空间。

flush_all 和 flush_expired 这两个函数需要遍历共享内存里的所有 key，代价较高，应当慎用。

10.1.8 其他操作

除了以上常用的操作，共享内存对象还有 get_keys、capacity 和 free_space 等三个方法，不过它们的应用场景较少。

get_keys 方法以数组的形式返回共享内存里的键值，数量由参数 max_count 指定，默认是 1000 个：

```
keys = dict:get_keys(max_count)              -- 获取共享内存里的所有键值
```

它的操作成本很高，当共享内存里有大量数据时更是如此，应当尽量避免调用。

capacity 方法返回共享内存的大小，实际上就是 lua_shared_dict 指令中的 size：

```
local bytes = shmem:capacity()               -- 获取共享内存的大小
assert(bytes == 1024*1024)                   -- 单位是字节
```

free_space 方法返回"空闲页"（free page）的字节数，因为共享内存是按页分配的，所以它不完全等同于 capacity，所以即使 free_space 为 0 也有可能会 set 成功，它的返回值只具有参考意义：

```
local bytes = shmem:free_space()             -- 获取空闲页的字节数
ngx.say(bytes / 1024)                        -- 转换为 KB 单位输出
```

10.2 定时器

定时器是 Web 服务器一项很重要的功能，它与具体的请求处理无关，在服务器的后台"静默"运行，常用来延后或者周期性执行必要的任务。

OpenResty 为我们提供了高效灵活的定时器功能，可以在任意处理阶段发起任意多个定时器，执行任意的功能，熟练使用定时器是 OpenResty 开发的必备技能。

10.2.1 配置指令

虽然 OpenResty 里的定时器功能很灵活，但实际应用时仍然有一些限制。原因是过多的定时任务可能会造成 OpenResty "后台" 过于繁忙，进而影响了主要的 "前台" 任务。

OpenResty 使用下面的两个配置指令来约束定时器的使用，这两个数量限制对于通常的

Web 应用来说应该已经足够了。实际上，很多定时任务都很简单，运行后立刻就会结束，达到上限的情况很少出现。

lua_max_pending_timers *num*

这个指令限制了“排队等待”的定时任务数量，默认值是 1024，也就是说最多只能启动 1024 个待运行的定时器。

函数 ngx.timer.pending_count()可以获得当前正在“排队等待”的定时任务数量。

lua_max_running_timers *num*

这个指令限制了最多可运行的定时任务，默认值是 256，也就是说允许有最多 256 个定时任务同时在后台运行。

函数 ngx.timer.running_count()可以获得当前正在运行的定时任务数量。

10.2.2 单次任务

定时器主要使用的函数是 ngx.timer.at。它创建一个定时任务，当时间到时就在后台执行预设的回调函数，形式是：

```
ok, err = ngx.timer.at(delay, handler, ...)      -- 启动定时器，delay 秒后到期
```

ngx.timer.at 可以接受多个参数，但只有前两个是必须的。参数 delay 是定时器的延后时间，单位是秒；参数 handler 是定时器要执行的回调函数（即定时任务），后面的参数 ngx.timer.at 都不使用，会在回调时原样传递给 handler。

回调函数 handler 可以是任意的 Lua 函数，但第一个参数必须是 premature，回调函数由此判断 worker 进程是否处于退出阶段（exiting），如果正在退出，那么任务就不能继续运行，需要执行必要的收尾工作尽快结束。①

handler 的通常形式是：

```
local function handler(premature, ...)          -- 定时器的回调函数
  if premature then                             -- 检查进程是否处于退出阶段
     return                                     -- 做适当的收尾工作
  end
  ...                                           -- 里面可以是任意的 Lua 代码
```

① 判断是否处于退出阶段也可以使用 10.3 节的函数 ngx.worker.exiting，但 premature 仍然必须是回调函数的第一个参数。

```
end                                              -- 回调函数定义结束
```

timer 阶段执行的回调函数 handler 是与前台请求处理完全分离的，所以在函数里不能使用 ngx.var、ngx.req、ngx.ctx 和 ngx.print 等请求相关的函数，但其他的大多数功能都是可用的，比如 cosocket、共享内存等，所以可以利用定时器绕过 init_by_lua、log_by_lua、header_filter_by_lua 等指令的限制，在这些阶段里“间接”使用 cosocket 访问后端。

下面的代码启动了一个 0.1 秒后执行的定时任务，内部调用了 lua-resty-http 库(8.5 节）访问某个后端服务，并记录日志：

```
local function once_task(premuture, uri)          -- 定时器的回调函数
  if premuture then                               -- 检查进程是否处于退出阶段
     ngx.log(ngx.WARN, uri, ": task abort")       -- 做适当的收尾工作
     return                                       -- 立即结束任务
  end

  local http = require "resty.http"               -- lua-resty-http 库
  local httpc = http:new()                        -- 创建 http 连接对象

  local res, err = httpc:request_uri('xxx')       -- 访问后端服务

  ngx.log(ngx.ERR, uri, ": task success")         -- 记录日志
end                                               -- 回调函数定义结束

local ok, err =
      ngx.timer.at(0.1, once_task, ngx.var.uri) -- 启动定时器，传递了一个参数
if not ok then                                    -- 检查定时器是否创建成功
   ngx.say("timer failed: ", err)
end
```

10.2.3 周期任务

ngx.timer.at 通常用于创建单次的定时任务，如果想要周期性地持续运行任务就需要在回调函数里再启动一个定时器，把自己作为参数让 timer 运行，如此往复，虽然可行但解法比较“笨拙”（代码示例可参考 GitHub 官方文档，本书不再列举）。

函数 ngx.timer.every 为这种需求提供了便捷操作，它的接口、功能与 ngx.timer.at 完全相同，但顾名思义，启动的是一个“周期性”的定时器，每隔 delay 秒都会执行一次回调函数，例如：

```
local function cycle_task (premuture, name)     -- 定时器的回调函数
   if premuture then                             -- 检查进程是否处于退出阶段
```

```
        return                                  -- 立即结束任务
    end

    ngx.shared[name]:incr("count", 1, 0)        -- 共享内存原子计数
end

local ok, err =                                 -- 启动定时器
      ngx.timer.every(60, cycle_task, "shmem")  -- 一分钟运行一次
```

但 ngx.timer.every 也有不如 ngx.timer.at 的地方，它失去了对定时任务的控制权，一旦任务启动后就只能无限地以固定参数运行下去，不能用任何手段改变或停止。而 ngx.timer.at 虽然“笨拙”，但可以在回调函数里对下一次的任务运行做调度，任意决定运行的时间间隔等参数。

10.3 进程管理

OpenResty 的进程模型基于 Nginx，通常以 master/worker 多进程方式提供服务，各个 worker 进程互相平等且独立，由 master 进程通过信号管理各个 worker 进程。

在这个基础上 OpenResty 做了一些很有实用价值的改进，新增了一个拥有 root 权限的特权进程，worker 进程也可以有自己的唯一标识，一定程度上能够实现服务的自我感知自我管理。①

进程管理功能主要位于 ngx.process 库，它是 lua-resty-core 库的一部分，必须显式加载之后才能使用，即：

```
local process = require "ngx.process"          -- 显式加载 ngx.process 库
```

10.3.1 进程类型

OpenResty 里的进程分为如下六种类型：

- single ：单一进程，即非 master/worker 模式；
- master ：监控进程，即 master 进程；
- signaller ：信号进程，即“-s”参数时的进程；
- worker ：工作进程，最常用的进程，对外提供服务；

① GitHub 上另有一个第三方库 lua-resty-worker-events，它基于共享内存和定时器实现了 worker 进程间的通知机制。

- helper : 辅助进程，不对外提供服务，例如 cache 进程；
- privileged agent : 特权进程，OpenResty 独有的进程类型，参见 10.4.4 节。

当前代码所在的进程类型可以用函数 ngx.process.type 获取，例如：

```
local process = require "ngx.process"        -- 显式加载ngx.process 库

local str = process.type()                     -- 获取当前的进程类型
ngx.say("type is ", str)                       -- 通常就是"worker"
```

10.3.2 工作进程

OpenResty 有数个函数用来操作 worker 进程。

函数 ngx.worker.count 可以获取当前的 worker 进程数量，其实就是配置文件里指令“worker_processes”设定的值。

函数 ngx.worker.pid 获取当前 worker 进程的进程号，即 pid，可以把它用作进程的标识。但需要注意，因为 worker 进程可能会因为 reload 或者 crash 而重启，所以 pid 可能会变化，不能作为进程的唯一标识。

函数 ngx.worker.id 是 OpenResty 服务器内部的标识序号，每个 worker 进程都会分配一个从 0 到 ngx.worker.count()-1 的唯一整数，即使 reload 或者 crash 也不会变化，所以可以使用它作为进程的唯一标识，让某个功能、阶段或定时任务只在第 0 号或第 x 号进程里执行（或不执行）。

函数 ngx.worker.exiting 用来检测 worker 进程是否处于 exiting 阶段。

以上四个函数不属于 ngx.process 库，无须 require 就可以使用，例如：

```
ngx.say("count = ", ngx.worker.count())        -- worker 进程数量
ngx.say("pid = ", ngx.worker.pid())            -- 系统进程号
ngx.say("id = ", ngx.worker.id())              -- 进程的内部唯一顺序号
ngx.say("status = ", ngx.worker.exiting())     -- 是否处于 exiting 阶段

if ngx.worker.id() == 0 then                   -- 检查进程的序号
  ngx.timer.at(...)                            -- 只在第 0 号进程启动定时任务
end
```

ngx.process 库里的函数 signal_graceful_exit 可以让 worker 进程“自杀”，即主动停止服务，等待 master 进程重启自己，当发生了某些意外情况时可以调用，比被动等待 crash 要更好，例如：

```
  local arg = ngx.var.arg_reload                      -- 获取URI里的参数
  if tonumber(arg) == 1 then                          -- 检查是否要重启
     process.signal_graceful_exit()                   -- 主动“自杀”
  end                                                 -- 之后会是一个新的worker进程
```

当此 OpenResty 应用里的某个 worker 进程收到类似“http://xxx/process?reload=1”这样的请求时就会主动停止服务，由 master 进程重启一个全新的 worker 进程。这时进程的 pid 会变化，但 id 仍保持原值。

10.3.3 监控进程

master 进程在 OpenResty 里用到的不多，因为它仅经过了 configuration 和 master-initing 两个阶段，随后就 fork 变成了 worker 进程。(参见 5.5 节)，大多数时间我们都不能操纵 master 进程。

函数 ngx.process.get_master_pid 可以获取 master 进程的进程号，因为 master 进程是稳定的（reload 只会改变 worker 进程），所以可以把它用作整个 OpenResty 应用的唯一标识，在系统里运行有多个 OpenResty 应用时做区分，例如都操作 Redis，使用 get_master_pid 作为键值的名字空间前缀。

不过需要注意的是 get_master_pid 要求 OpenResty 版本在 1.13.8 以上，目前的 1.13.6.2 只会返回 nil。①

10.3.4 特权进程

特权进程是一种特殊的 worker 进程，权限与 master 进程一致（通常就是 root），拥有与其他 worker 进程相同的数据和代码，但关闭了所有的监听端口，不对外提供服务，像是一个“沉默的聋子”。

特权进程必须显式调用函数 ngx.process.enable_privileged_agent 才能启用，而且只能在“init_by_lua”阶段里运行，通常的形式是：

```
init_by_lua_block {                                   -- 只能在此阶段启用特权进程
  local process = require "ngx.process"               -- 显式加载ngx.process库

  local ok, err =
      process.enable_privileged_agent()               -- 启用特权进程
  if not ok then                                      -- 检查是否启动成功
```

① 我们也可以使用 opm 安装一个第三方库 lua-resty-masterpid，它没有对版本的要求。

```
    ngx.log(ngx.ERR, "failed:", err)
  end
}
```

因为关闭了所有的监听端口，特权进程不能接受请求，“rewrite_by_lua”“access_by_lua”“content_by_lua”“log_by_lua”等请求处理相关的执行阶段都没有意义，这些阶段里的代码在特权进程里都不会运行。

但有一个阶段是它可以用的，那就是“init_worker_by_lua”，特权进程要做的工作就是使用 ngx.timer.*启动若干个定时器，运行周期任务，通过共享内存等方式与其他 worker 进程通信，利用自己的 root 特权做其他 worker 进程想做而不能做的工作。

例如，我们可以用 get_master_pid 获取 master 进程的 pid，然后在特权进程里调用系统命令 kill 发送 SIGHUP/SIGQUIT/SIGUSR1 等信号，实现服务的自我管理。

10.4 轻量级线程

OpenResty 本质上是多进程单线程的，每个 worker 进程里只有一个主线程，通过操作系统提供的 I/O 多路复用机制（epoll/kqueue 等）来实现高效的网络服务。单线程的好处是没有竞态，程序结构简单，但也有缺点，工作都是顺序执行的，难以实现并发操作。虽然也可以用 ngx.timer.at 来发起多个任务，但这些任务都在后台执行，脱离了原本的运行场景，不能协同配合工作。①

为了解决这个问题，OpenResty 基于 Lua 的协程提出了“轻量级线程”（light thread）的概念，它非常类似于操作系统级别的线程，可以并发多个同时运行，但由 OpenResty 而不是系统内核来调度，所以很“轻量级”。

“轻量级线程”在底层的操作系统级别仍然是单线程的，所以在里面也不允许有任何阻塞操作（如读写磁盘、大计算量），否则会阻塞整个 OpenResty 服务。

受内部 Nginx 平台的限制，轻量级线程只能在“rewrite_by_lua”“access_by_ lua”“content_by_lua”“ssl_certificate_by_lua”以及“ngx.timer”这些执行阶段里使用，其他执行阶段需要使用 ngx.timer.*启动定时器才能间接使用轻量级线程。

为了叙述方便，后续将把“轻量级线程”简称为“线程”，请读者留意。

---

① 8.2 节介绍的 ngx.location.capture_multi 可以实现并发多个任务，但它的功能很有限，本书不推荐使用。

10.4.1 启动线程

在 OpenResty 里启动一个线程非常容易，与其他编程语言的语法差不多：

```
t = ngx.thread.spawn(func, arg1, arg2, ...) -- 启动一个线程
```

ngx.thread.spawn 产生一个线程，并在线程里运行函数 func，参数 arg1、arg2 等也一并传递给 func，随后返回表示这个线程的对象 t，之后可以用它来操作线程。

ngx.thread.spawn 的效果和用法有些类似 ngx.timer.at(0, func)，但 spawn 的函数在调用后就立即开始运行了，是“前台”任务，也可以使用 ngx.var/ngx.req/ngx.say 等所有功能接口；而 timer 的函数则是调用点所在代码运行完毕（或 yield）后才会运行，是“后台”任务，不能处理请求。

使用 ngx.thread.spawn 可以轻易地发起多个并发任务，例如同时访问多个不同的后端服务，不必串行逐个等待：

```
local spawn = ngx.thread.spawn                -- 别名方便调用

local function task1(v)                       -- 第一个在线程里执行的函数
    ngx.say("query redis: ", v)               -- 连接 Redis，获取数据
end
local function task2(v)                       -- 第二个在线程里执行的函数
    ngx.say("query mysql: ", v)               -- 连接 MySQL，获取数据
end

local t1 = spawn(task1, "here")               -- 启动第一个线程
local t2 = spawn(task2, "there")              -- 启动第二个线程
```

上面的代码只是对线程用法的一个非常简单的示例，实际应用中线程里可以运行任意复杂的业务，使用 OpenResty 的各种功能函数随意操作前端和后端。

10.4.2 等待线程

函数 ngx.thread.wait 可以等待一个或多个线程运行结束：

```
ok, ... = ngx.thread.wait(t1, t2, ...)    -- 等待线程运行结束
```

ngx.thread.wait 是同步非阻塞的，当任何一个线程结束时就会返回 ok，同时返回该线程函数的返回值，不再继续等待其他的线程，也就是“wait any”语义。

我们可以通过下面的示例代码了解 ngx.thread.wait 的用法：

```
local wait = ngx.thread.wait              -- 别名方便调用
```

```
local function job(time)                        -- 在线程里执行的函数
    ngx.sleep(time)                             -- 睡眠一点时间，模拟运行
    ngx.say("job fin in ", time)                -- 输出运行消耗的时间
    return time                                 -- 返回运行消耗的时间
end

local threads = {                               -- 使用数组保存启动的多个线程
    spawn(job, 0.10),                           -- 第一个线程，运行 0.10 秒
    spawn(job, 0.20),                           -- 第二个线程，运行 0.20 秒
    spawn(job, 0.05),                           -- 第三个线程，运行 0.05 秒
}

local ok, v = wait(unpack(threads))             -- 等待任意一个线程结束
ngx.say("wait = ", ok, " v = ", v)              -- 输出“wait = true v = 0.05”
```

这段代码中我们启动了三个线程，分别运行 0.1 秒、0.2 秒和 0.05 秒，第三个线程是最早结束的，所以 ngx.thread.wait 不再等待前两个线程，返回了第三个线程的运行结果。

如果想要实现“wait all”语义，可以在一个循环里逐个等待线程结束，例如：

```
for i,t in ipairs(threads) do                   -- 检查线程数组里的所有线程
    local ok, v = wait(t)                       -- 逐个等待线程结束
    ngx.say("wait ", v)                         -- 线程结束输出等待结果
end
```

运行这段代码可以看到，第三个线程最早结束，随后是第一个线程，但 wait 只有第一个线程结束后才返回；0.2 秒后第二个线程结束，随即所有的 wait 也都会返回 ok。

10.4.3 挂起线程

挂起（yield）是并发编程的常见操作，它暂时性地停止当前线程的运行，避免本线程占用过多的 CPU 时间，让其他线程有机会得以运行。

其实在之前的代码里我们就已经实现了 yield 操作，即 ngx.sleep。它既可以指定让出的具体时间，也可以使用 ngx.sleep(0)来极短暂地让出执行权。

ngx.sleep 是 OpenResty 里通用的 yield 操作，但它毕竟只是“睡眠”而不是“让步”（基于 Nginx 的事件机制），所以在线程里应该用下面的两个函数（完全由 Lua VM 控制）：

```
co = coroutine.running()                        -- 获得当前所在的协程对象
coroutine.yield(co)                             -- 挂起协程，让出执行权
```

因为在 OpenResty 里线程实际上就是协程，所以可以用这两个函数来实现真正的 yield

操作，效率更高，例如：

```
local function f()                          -- 在线程里执行的函数
    local co = coroutine.running()          -- 获得当前所在的协程对象
    ngx.say(1)                              -- 线程输出数据
    coroutine.yield(co)                     -- 暂时挂起协程，让出执行权
    ngx.say(2)                              -- 线程输出数据
end

local function g()                          -- 在线程里执行的函数
    local co = coroutine.running()          -- 获得当前所在的协程对象
    ngx.say('a')                            -- 线程输出数据
    coroutine.yield(co)                     -- 暂时挂起协程，让出执行权
    ngx.say('b')                            -- 线程输出数据
end

spawn(f);spawn(g)                           -- 启动两个线程
```

运行这段代码可以看到交替输出数字和字母，即 yield 操作生效，两个线程依次让出执行权。

10.4.4 停止线程

当线程运行的函数使用 return 正常退出或者发生错误时线程也就自动停止了，此外有的函数也会立即导致线程停止运行，比如 7.12 节的 ngx.exit/ngx.exec 等流程跳转函数。

函数 ngx.thread.kill 可以手动“杀死”正在运行的线程，这在使用“wait any”等待任意一个线程的时候很有用，可以避免不必要的等待，节约系统资源，例如向多个等价后端发送请求，只使用最先返回的结果：

```
local kill = ngx.thread.kill                -- 别名方便调用

local threads = {...}                       -- 使用数组保存启动的多个线程
local ok, v = wait(unpack(threads))         -- 等待任意一个线程结束

for i,t in ipairs(threads) do               -- 检查线程数组里的所有线程
  ngx.say("kill ", i, " is ", kill(t))      -- “杀死”尚在运行的线程
end
```

对于正在运行的线程 ngx.thread.kill 会返回 ok，对于已经停止运行的线程 ngx.thread.kill 会返回 nil 和错误原因，但通常来说并不需要关心，因为这与 kill 成功的效果是一样的。

10.4.5 信号量

OpenResty 使用库 ngx.semaphore 提供信号量（semaphore）操作，能够实现高级的线程同步功能，它需要显式加载才能使用，即：

```
local semaphore = require "ngx.semaphore"   -- 加载信号量库
```

信号量有四个基本的操作方法：

- new　　　：新建一个信号量，可以指定初始资源数量，默认是 0；
- wait　　 ：等待信号量，需要设置等待的超时，避免长时间阻塞；
- post　　 ：增加信号量，默认加 1，可唤醒等待的一个或多个线程；
- count　　：获取当前信号量的数量。

信号量是线程同步的经典手段，相关的资料很多，故本书不过多讲解其用法，基本的操作就是一个线程 wait 另一个线程 post，简单的示例代码如下：

```
local sema = semaphore.new(0)                  -- 新建一个信号量对象，资源为 0

local function producer(n)                     -- 生产者线程
  for i=1,n do                                 -- 生产 n 个资源
    shmem:rpush('logs', 'xxx')                 -- 使用共享内存队列
    sema:post()                                -- post 通知消费者线程
    ngx.sleep(0.1)                             -- 睡眠 0.1 秒后再生产数据
  end
end

local function consumer(n)                     -- 消费者线程
  for i=1,n do                                 -- 消费 n 个资源
    local ok, err = sema:wait(0.2)             -- 等待信号量通知，最多 0.2 秒
    if not ok then                             -- 检查信号量操作是否成功
        ngx.say("failed: ", err)
        return
    end
    local v = shmem:lpop('logs')               -- 从共享内存取出数据
  end
end

local threads = {                              -- 分别启动两个线程
    spawn(producer, 3),                        -- 生产者线程
    spawn(consumer, 3),                        -- 消费者线程
}
```

需要注意的一点是，信号量只能在本进程内的线程之间同步，不能跨进程生效，不同进程

内的线程同步必须使用共享内存。

10.5 总结

本章介绍了 OpenResty 里的四个高级功能：共享内存、定时器、进程管理和轻量级线程。

共享内存是进程间通信最常用的一种手段，OpenResty 使用指令“lua_shared_dict”和 ngx.shared 提供了类似 Redis 的共享内存功能，支持 KV 读写、原子计数、队列操作和过期时间，功能非常丰富，用途也很广。

由于我们通常会开启多个 worker 进程提供服务，所以很有必要使用共享内存在进程之间同步，避免数据不一致。OpenResty 里也有很多库基于共享内存实现了更复杂的功能，例如多级缓存、进程锁、上游集群信息共享等。

定时器在 OpenResty 里主要用来实现异步操作。它不处理请求，但能够使用 thread、cosocket、ngx.log 等大多数功能接口，用好它可以分离“前台”和“后台”任务，或者绕过“init_by_lua”“log_by_lua”等阶段的限制，变通使用 cosocket 访问后端。

函数 ngx.timer.at 只能启动一个定时任务，在运行周期性任务时显得比较麻烦，所以 OpenResty 又提供了函数 ngx.timer.every，它可以非常方便地定期执行任务。

OpenResty 的进程管理功能主要体现在工作进程和特权进程上。有数个函数可以获取 worker 进程的信息，其中较常用的是 ngx.worker.id，它是 worker 进程的唯一标识，利用它就能够区分进程实现特定任务分组。

特权进程是 OpenResty 的独创，需要在“init_by_lua”阶段里调用 ngx.process.enable_privileged_agent 显式启用。因为它不响应请求，而且权限很大（通常是 root），所以可以承担所有的后台任务（使用 ngx.timer），不会影响正常的前台请求处理服务。

轻量级线程也是 OpenResty 的独创，它本质上是协程，但比协程更方便，用法和功能更像是传统的线程。使用轻量级线程可以轻易地实现并发任务，比 ngx.location.capture_multi 更灵活易用。

要注意的是，轻量级线程并不是真正的“线程”，所以尽量不要在轻量级线程里面执行读写磁盘等操作，否则会阻塞整个 OpenResty 服务。

第 11 章 HTTPS服务

HTTP 协议是明文传输，在如今的网络世界中显得越来越不安全，容易被监听、篡改或劫持，有很大的安全隐患。HTTPS 在 HTTP 的基础上引入了 SSL/TLS 协议，成功解决了身份认证和数据加密两大关键问题，得到了越来越广泛的认可和应用，目前绝大多数主流网站都已经从 HTTP 协议转换到了 HTTPS 协议，在不远的将来 Web 服务必将都是 HTTPS 服务。

OpenResty 基于 Nginx 对 HTTPS 提供了非常好的支持，阅读完本章后读者就可以使用 OpenResty 开发出灵活安全的 HTTPS 应用。

11.1 简介

HTTPS 服务本质上仍然是 HTTP 服务，但名字里多出的那个“S”表示它使用了安全的 SSL/TLS 协议，本节将简要介绍 HTTPS 的一些背景知识。

11.1.1 密码学

密码学的历史很古老，基本原理是字符的移位和替换，但 HTTPS 使用的则是现代密码学，它起源于 20 世纪中后期，与数学和计算机科学密切相关。

对称加密算法

对称加密算法只有一个密钥，加密和解密都使用这个密钥，所以被称为“对称”。它加密解密的速度很快，但密钥难以安全地分发和保管。

常见的对称加密算法有 DES、AES、TEA、ChaCha 等。

非对称加密算法

非对称加密算法有两个密钥，一个是公开的，称为公钥（public key），另一个是私密的，称为私钥（private key），两个密钥都可以互相加密解密。它解决了密钥的分发问题，公钥可以公开给任何人使用，而私钥需要保密。

非对称加密算法都基于复杂的数学单向函数，需要大量的计算，所以加密解密速度较慢。常见的非对称加密算法有 RSA、ECC、DH 等。

数字签名

基于非对称加密算法，私钥持有者使用私钥对数据的摘要做加密运算，形成“签名”。其他人可以使用对应的公钥解密签名并验证摘要，从而保证数据不可能被篡改。因为私钥只能由持有者所有，所以也可以验证唯一性（不可否认性）。

数字证书

非对称加密算法中的公钥是公开的，有可能被替换或伪造。数字证书是由权威可信机构（也就是通常所说的 CA）颁发、能够证明公钥持有者身份的电子文件，包含了公钥信息和 CA 的数字签名，确保公钥是可信的。

数字证书是目前网络世界安全体系的基础，现行的标准是 X.509，格式有 PEM（可见字符）和 DER（二进制）两种。

11.1.2 网络协议

为了解决网络通信的安全问题，HTTPS 整合了多个安全协议，篇幅所限本书只列举了其中的几个重要协议。

SSL/TLS

TLS（Transport Layer Security）是一种互联网通信的安全协议，它综合使用了对称和非对称加密算法，用于在不可靠的环境中创建安全连接，保证通信不被窃听或篡改。TLS 的前身是 SSL（Secure Sockets Layer），由 Netscape 公司在 1994 年发明，有 1.0、2.0、3.0 三个版本。SSL 自 3.1 开始改名为 TLS，发展出 TLS1.0/1.1/1.2/1.3 等四个版本，现在最常用的是 TLS1.1/1.2。

HTTPS

HTTPS 就是“HTTP over SSL/TLS”，使用数字证书来验证网站的身份，使用 SSL/TLS

来加密 HTTP 数据，保证通信的私密性和完整性，防止恶意第三方的攻击。

HTTPS 协议的默认端口是 443，协议的 URI 前缀是“https://”。

SSL Handshake

使用 SSL/TLS 协议的双方在开始正式通信之前，必须要协商使用的加密算法和密钥，这被称为“握手”，是 SSL/TLS 中最耗时、成本最高的操作。

简单来说，客户端先发送“ClientHello”和支持的协议列表，然后服务器回复“ServerHello”确认使用的协议和服务器证书，随后两者互相验证身份，使用非对称加密算法安全地生成并交换对称密钥。“握手”完毕后，客户端和服务器将使用生成的对称密钥加密和解密数据，实现安全通信。

现行的 TLS1.1/1.2 里的握手步骤较多，比较复杂，TLS1.3 对此做了简化，大幅度改善了性能，但目前还未广泛应用。

SNI

早期的 TLS 握手阶段没有关于服务器的任何信息，一个 IP 地址只能使用一个证书，对于提供大量虚拟域名的服务商来说配置证书是个非常麻烦的工作。SNI（Server Name Indication）扩展了 TLS 协议，它允许客户端在“ClientHello”时携带请求网站的主机名信息（相当于 Host 字段），这样服务器就可以依据某种逻辑选择对应的证书，简化配置。

OCSP

验证服务器身份的证书有可能因过期、被撤销而失效，从而不被信任，OCSP（Online Certificate Status Protocol）允许任何人向权威的服务器发送查询请求，检查证书的状态。

OCSP 替代了存在缺陷的 CRL（Certificate Revocation List），通常使用 HTTP 协议发送请求和应答。

OCSP Stapling

客户端可以在 SSL 握手阶段发起 OCSP 查询，检查服务器证书的有效性，但这会增加建立 TLS 连接的时间，加剧延时。OCSP Stapling 则可以由服务器主动获取 OCSP 的查询结果，随证书一起发送给客户端，免去客户端查询验证的开销，优化 SSL 握手过程。

11.2 服务配置

OpenResty 基于 Nginx 对 HTTPS 提供了非常好的支持，但要求 OpenSSL 的版本不能低于 1.0.2e，如果读者使用的是预编译的安装包则无须关心这点。

在 OpenResty 里搭建 HTTPS 服务需要使用三个核心指令，指定服务器的监听端口、证书和私钥：

- listen　　　　　　　　：监听端口，必须使用附加参数 ssl 启用 HTTPS；[①]
- ssl_certificate　　　：证书，必须是 PEM 格式；
- ssl_certificate_key ：私钥，也必须是 PEM 格式。

此外还有其他的一些 SSL 相关优化指令，如“ssl_session_timeout”“ssl_prefer_server_ciphers”等，读者可以参考 OpenResty 或 Nginx 文档。

下面的代码配置了一个简单的 HTTPS 服务，使用的是一个自行颁发的证书：

```
server {                                              #配置 HTTPS 服务器
  listen 84 ssl;                                      #监听 84 端口，启用 SSL
  server_name  *.*;                                   #主机名任意

  ssl_certificate              ssl/chrono.crt;        #目录 conf/ssl 下的证书文件
  ssl_certificate_key          ssl/chrono.key;        #目录 conf/ssl 下的私钥文件
  ssl_session_timeout          10m;                   #会话超时时间为 10 分钟
  ssl_prefer_server_ciphers    on;                    #优先使用服务器的加密算法
  ...                                                 #其他配置
}
```

注意这种方式使用的证书和私钥都是存储在磁盘上的静态文件，而且一个 server{}块只能配置一对，如果有多个虚拟主机配置起来就会很麻烦。

使用 curl 工具可以测试这个 HTTPS 服务，因为证书是自行颁发的，无法验证可信性，需要使用参数“-k”来允许不安全的服务器连接（还可以加“-v”获取更详细的连接信息）：

```
curl https://127.0.0.1:84/ -k                         #请求 HTTPS，注意参数“-k”
```

此外，使用 Firefox、Chrome 等浏览器也可以验证 HTTPS 服务，同样需要允许不安全的服务器连接。

---

① 也可以在 server{}配置块里使用指令“ssl on”，但不推荐。

11.3 应用开发

由于 HTTPS 是“HTTP + SSL/TLS”，除了在建立连接的握手阶段外，整个请求的加密解密过程对于 OpenResty 来说是完全透明的，所以我们可以如同开发 HTTP 服务一样，使用“rewrite_by_lua”“access_by_lua”“content_ by_lua”“log_by_lua”等阶段来实现任意的服务逻辑，例如：

```
server {                                            #配置 HTTPS 服务器
  listen 84 ssl;                                    #监听 84 端口，启用 SSL

  location / {                                      #一个默认的 location
    access_by_lua_block {...}                       -- 访问权限控制

    content_by_lua_block {
      ngx.say("hello openresty with https")         -- 使用 Lua 输出响应内容
    }
  }
}
```

OpenResty 也在 ngx.ssl 等库里提供专门处理 HTTPS 的功能接口，需要显式加载，如：

```
local ssl = require "ngx.ssl"                       -- 显式加载 ngx.ssl 库
```

因为 SSL/TLS 相关的各种操作都比较耗时，所以计算出的中间结果最好以适当的形式缓存起来备用（使用 lrucache 或共享内存），能够极大地提高运行效率。

11.4 基本信息

除了使用 Nginx 内置的各种变量（如$ssl_cipher、$scheme）外，我们还可以使用 ngx.ssl 库获取 HTTPS 通信中的 TLS 版本、SNI 主机名、客户端和服务器的地址信息，它们优于 ngx.var 的地方是可以在任意的执行阶段里调用。

11.4.1 协议版本号

函数 get_tls1_version 获取 TLS 的版本号，例如：

```
local ssl = require "ngx.ssl"                       -- 显式加载 ngx.ssl 库

local ver, err = ssl.get_tls1_version()             -- 获取版本号
ngx.say(string.format("0x%x", ver))                 -- 输出 0x303，即 TLS1.2
```

```
if ver < ssl.TLS1_VERSION then              -- 检查 TLS 的版本号
    ngx.exit(444)                           -- 如果低于 TLS1.0 则拒绝服务
end
```

get_tls1_version 的返回值是纯数字形式，不够直观，而函数 get_tls1_version_str 可以获取 TLS 版本号的字符串形式，更容易阅读：

```
local ver, err = ssl.get_tls1_version_str()     -- 获取版本号
ngx.say("ver: ", ver)                           -- 输出“TLSv1.2”
```

11.4.2　主机名

函数 server_name 获取 SNI 协议里的主机名，如果客户端未使用 SNI，那么函数的返回值就是 nil：

```
local name, err = ssl.server_name()         -- 获取 SNI 主机名
ngx.say("sni: ", name)                      -- 输出主机名
```

如果我们使用命令：

```
curl https://www.chrono.com:84/ -k          #使用域名访问 HTTPS 服务
```

那么输出的就是“www.chrono.com”。[①]

11.4.3　地址

函数 raw_server_addr 和 raw_client_addr 可获取服务器和客户端的地址，形式是：

```
addr_data, addr_type, err = ssl.raw_server_addr()  -- 服务器地址
addr_data, addr_type, err = ssl.raw_client_addr()  -- 客户端地址
```

返回值 addr_type 是地址的类型，可能是“inet”(IPv4)、“inet6”(IPv6)或“unix”(UNIX Domain Socket)。

如果地址是 IPv4 或 IPv6，那么地址 addr_data 则是一个二进制的数字，而不是常见的点号分隔的字符串形式，需要我们自行解析，例如：

```
local byte = string.byte                        -- 取字节的标准库函数
local function addr_str(addr)                   -- 转换 IPv4 地址
    return string.format("%d.%d.%d.%d",         -- 简单的字符串格式化
            byte(addr, 1), byte(addr, 2),       -- 使用 string.byte
```

① 本书里使用的两个域名“www.chrono.com”“www.metroid.net”仅用于测试，并不实际存在，所以需要修改/etc/hosts，加上对它们的解析。

```
            byte(addr, 3), byte(addr, 4))          -- 分解字节
end

local addr, addrtyp, err = ssl.raw_server_addr()  -- 获取服务器地址
ngx.say(addrtyp, ": ", addr_str(addr))             -- 输出地址的字符串形式
```

11.5 加载证书

使用指令“ssl_certificate/ssl_certificate_key”静态加载证书（磁盘文件）有诸多不便，必须为每一个虚拟主机分配独立的 IP 地址，编写独立的 server{}配置块，代码重复，工作单调低效。

OpenResty 使用指令“ssl_certificate_by_lua”配合 ngx.ssl 库可以实现动态加载证书功能，大量的证书和私钥可以预先存放在 Redis 或 MySQL 里，依据 SNI 主机名或服务器地址的映射关系动态存取，从而可以在一个 server{}配置块里支持任意多个证书。

“ssl_certificate_by_lua”发生在握手建立连接之初，preread 阶段之前，此时还未开始读入任何可用的数据，所以大多数请求处理相关的接口（ngx.var/ngx.req/ngx.say 等）都不可用。

OpenResty 支持 DER 或 PEM 格式的证书，因为 PEM 格式的最常见，所以下面我们主要讲解 PEM 证书相关的接口，DER 相关接口可参考官方文档。

11.5.1 清除证书

在动态加载证书之前仍然要使用指令“ssl_certificate”和“ssl_certificate_key”设置证书和私钥文件，这是由 Nginx 平台内部机制决定的（没有这两个指令或文件格式错误会报错无法启动），但实际上我们并不会使用这两个文件，需要把它们清除，为后续动态加载的证书和私钥“腾出空间”。

清除证书和私钥使用的函数是 clear_certs，如下：

```
ok, err = ssl.clear_certs()                         -- 清除“占位”用的证书和私钥
```

11.5.2 设置证书

动态设置证书只需要两个简单步骤：首先使用函数 ssl.parse_pem_cert 解析证书，然后用 ssl.set_cert 设置证书：

```
cert, err     = ssl.parse_pem_cert(pem_cert)      -- 解析 PEM 格式的证书
```

```
ok,   err     = ssl.set_cert(cert)                 -- 设置证书
```

假设我们之前已经通过某些操作（读取 Redis 或 MySQL），把大量的证书预存进了一个 Lua 表（或共享内存）里，那么就可以用 SNI 提取对应的证书，在“ssl_certificate_by_lua”里动态加载：

```
local name, err = ssl.server_name()                -- 获取 SNI 主机名
if not name then                                   -- 未发现主机名
   ngx.log(ngx.ERR, "no SNI found: ", err)         -- 无法查找证书，报错
   ngx.exit(ngx.ERROR)                             -- 直接退出，结束 SSL 握手
end

if not certs[name] then                            -- 找不到对应证书
   ngx.log(ngx.ERR, "not supported SNI")           -- 无法完成握手
   ngx.exit(ngx.ERROR)                             -- 直接退出，结束 SSL 握手
end

local cert, err =                                  -- 解析 PEM 格式的证书
     ssl.parse_pem_cert(certs[name].cert)          -- 取对应的证书
if not cert then                                   -- 解析证书出错
   ngx.log(ngx.ERR, "failed: " , err)              -- 无法完成握手
   ngx.exit(ngx.ERROR)                             -- 直接退出，结束 SSL 握手
end

local ok, err = ssl.set_cert(cert)                 -- 设置证书
if not ok then                                     -- 设置证书出错
   ngx.log(ngx.ERR, "failed: " , err)              -- 无法完成握手
   ngx.exit(ngx.ERROR)                             -- 直接退出，结束 SSL 握手
end
```

这段代码里使用了 SNI 主机名来动态获取对应的证书，有的时候客户端不支持 SNI，那么可以改用服务器地址（即 ssl.raw_server_addr）来实现映射关系。

11.5.3　设置私钥

动态设置私钥的步骤与设置证书类似，同样使用两个函数：

```
priv_key, err    = ssl.parse_pem_priv_key(pem_priv_key)
ok,       err    = ssl.set_priv_key(priv_key)
```

设置私钥的示例代码如下：

```
local key, err =                                   -- 解析 PEM 格式的私钥
     ssl.parse_pem_priv_key(certs[name].key)       -- 取对应的私钥
if not key then                                    -- 解析私钥出错
```

```
    ngx.log(ngx.ERR, "failed: " , err)          -- 无法完成握手
    ngx.exit(ngx.ERROR)                         -- 直接退出，结束 SSL 握手
end

local ok, err = ssl.set_priv_key(key)           -- 设置私钥
if not ok then                                  -- 设置私钥出错
    ngx.log(ngx.ERR, "failed: " , err)          -- 无法完成握手
    ngx.exit(ngx.ERROR)                         -- 直接退出，结束 SSL 握手
end
```

11.5.4 测试验证

指令“ssl_certificate_by_lua”只能在 server{}块里配置，也就是说与“ssl_certificate”和“ssl_certificate_key”是同级的，例如：

```
server {                                            # 配置 HTTPS 服务器
  listen 84 ssl;                                    # 监听 84 端口，启用 SSL

  ssl_certificate           ssl/chrono.crt;         # 占位用，并无实际意义
  ssl_certificate_key       ssl/chrono.key;         # 占位用，并无实际意义
  ssl_certificate_by_lua_file service/https/cert.lua;  # 启用动态加载证书
}
```

之后重启 OpenResty，使用如下的 curl 命令就可以验证动态加载证书：

```
curl https://www.chrono.com:84/     -k          #访问同一个地址的两个不同域名
curl https://www.metroid.net:84/    -k          #分别使用不同的证书
```

11.6 查验证书

在 OpenResty 里使用指令“ssl_stapling on”即可开启 OCSP Stapling 功能，但使用库 ngx.ocsp 能够更灵活高效地处理 OCSP/OCSP Stapling。

ngx.ocsp 库需要显式加载：

```
local ocsp   = require "ngx.ocsp"                  -- 显式加载 ngx.ocsp 库
```

11.6.1 发送查询

使用 ngx.ocsp 库查询证书状态的步骤如下：

- 把证书转换为 DER 格式，调用 ssl.cert_pem_to_der；
- 获取 OCSP 服务器的 URL，调用 ocsp.get_ocsp_responder_from_der_chain；

- 生成 OCSP 请求体，调用 ocsp.create_ocsp_request；
- 使用 HTTP 协议发送请求，获取响应；
- 检查响应体，验证查询结果，调用 ocsp.validate_ocsp_response。

但遗憾的是 ngx.ocsp 库自身没有提供发送请求的功能，需要外部的辅助，例如可以使用 8.5 节的 lua-resty-http 库。

下面的代码示范了发送 OCSP 请求的过程，简单起见省略了部分错误处理：①

```
local ssl    = require "ngx.ssl"                    -- 显式加载 ngx.ssl 库
local ocsp   = require "ngx.ocsp"                   -- 显式加载 ngx.ocsp 库
local http   = require "resty.http"                 -- 显式加载 http 库

local cert = ...                                    -- 一个 PEM 格式的证书

local der_cert, err =
          ssl.cert_pem_to_der(cert)                 -- PEM 证书转换为 DER 格式

local ocsp_url, err =                               -- 获取 OCSP 服务器的 URL
       ocsp.get_ocsp_responder_from_der_chain(der_cert)

local ocsp_req, err =                               -- 生成 OCSP 请求体
       ocsp.create_ocsp_request(der_cert)

local httpc = http.new()                            -- 创建 http 对象
local res, err = httpc:request_uri(ocsp_url, {      -- 发送 HTTP 请求
      method = "POST",                              -- 必须 POST 数据
      body = ocsp_req,                              -- 使用刚生成的请求体
      headers = {                                   -- 标注内容类型是 OCSP
         ["Content-Type"] = "application/ocsp-request",
      }
  })

local ocsp_resp = res.body                          -- 获取响应体

if ocsp_resp and #ocsp_resp > 0 then                -- 响应体必须是有效的
   local ok, err =                                  -- 验证 OCSP 的返回结果
     ocsp.validate_ocsp_response(ocsp_resp, der_cert)
   if not ok then                                   -- not ok 则说明验证失败
      ngx.log(ngx.ERR, "failed to validate: ", err)
```

① 因为本书使用的证书是自行颁发的，缺少某些关键信息，无法进行 OCSP 验证，故示例代码不能正确运行，请读者见谅。

```
    ngx.exit(ngx.ERROR)
  end
end
```

OCSP 查询与 HTTPS、SSL/TLS 没有直接关系，所以可以在任何阶段发起查询（例如使用 ngx.timer），然后把结果缓存起来（但需要定期更新），以备后续需要的时候再使用。

11.6.2 通知客户端

在“ssl_certificate_by_lua”阶段，我们可以调用 ocsp.set_ocsp_status_resp 向客户端发送 OCSP 的验证结果，实现 OCSP Stapling，代码如下：

```
local ok, err =                              -- 发送 OCSP 状态
  ocsp.set_ocsp_status_resp(ocsp_resp)       -- 必须在 ssl_certificate_by_lua
if not ok then                               -- 有可能失败
  ngx.log(ngx.ERR, "failed to set: ", err)
  ngx.exit(ngx.ERROR)
end
```

函数 set_ocsp_status_resp 的输入参数就是之前 OCSP 服务器返回的响应体，应当尽量使用预先缓存的结果，避免在握手阶段发起 OCSP 查询导致的延时。

11.7 会话复用

HTTPS 为网络通信带来了高度的安全，但这并不是“免费的午餐”，代价就是必须要花费更多的算力和时间用来加解密和验证。

整个 HTTPS 通信过程可以分为握手阶段和通信阶段。通信阶段使用的是对称加密，速度快，成本增加得不多；而握手阶段需要使用非对称算法多次加密解密，还需要反复交换数据协商密钥、证书，成本极高。所以就出现了很多种策略来优化握手过程，力图减少计算量和传输数据量，提高访问速度，其中会话复用（Session Resumption）是较有效的一种手段。

会话复用的原理很简单，因为第一次握手时已经互相认证了身份，算出了通信使用的密钥，那么只要把这个密钥存起来，下次通信时直接使用即可。显然，因为无须再做烦琐的协商验证，这部分的计算和网络开销就节省下来了。

会话复用目前有两种实现方式：Session ID 和 Session Tickets。

11.7.1 Session ID

Nginx 内建指令“ssl_session_cache”支持 Session ID，但会话只能在本机复用，

局限性较大。OpenResty 使用指令“ssl_session_fetch_by_lua”和“ssl_session_store_by_lua”可以把会话存储到 Redis 等外部服务器上，实现更大范围的会话复用。

“ssl_session_fetch_by_lua”的执行发生在“ssl_certificate_by_lua”之前，如果取会话信息成功就会跳过握手阶段，直接开始通信。“ssl_session_store_by_lua”的执行发生在“ssl_certificate_by_lua”之后，preread 阶段之前，用来在握手成功后存储会话信息。它们的执行顺序如图 11-1 所示：

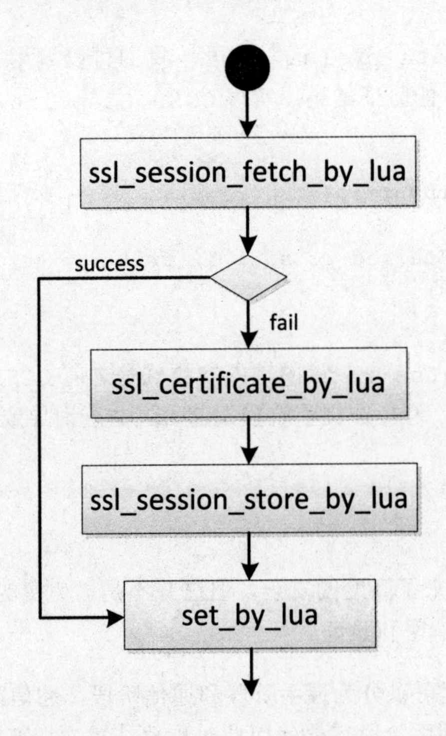

图 11-1 SSL 相关指令的执行顺序

Session ID 功能需要使用库 ngx.ssl.session，有三个接口：

- get_session_id ：获取客户端发送的 ID；
- get_serialized_session ：序列化当前的会话信息，之后可以任意存储；
- set_serialized_session ：反序列化之前存储的会话信息并设置，跳过握手。

不过因为 Session ID 存在缺陷，所以在 TLS1.2 中它已经被 Session Tickets 取代，即将成为“过时”的技术。默认情况下 OpenResty 也会自动启用 Session Tickets 功能，Session ID 不会生效，故本书不再对它做进一步的介绍。

11.7.2 Session Tickets

Session Tickets 的工作机制与 Session ID 类似，但服务器会把加密后的会话信息发送给客户端，由客户端负责保存，这就是 tickets。再次发起 TLS 通信时客户端只需要把 tickets 发给服务器，服务器解密成功即可立刻复用会话（很像 HTTP 协议里的 Cookie）。

Session Tickets 的优点是分散了会话的存储，减轻了服务器的负担，服务器不必额外存储会话，可以节约系统资源。

在 OpenResty 里启用 Session Tickets 需要使用两个指令：

- ssl_session_tickets ：启用 Session Tickets，默认就是 on 状态；
- ssl_session_ticket_key ：加密会话信息使用的密钥文件。

简单的配置示例如下：

```
server {                                          #配置 HTTPS 服务器
  listen 84 ssl;                                  #监听 84 端口，启用 SSL

  ssl_session_tickets        on;                  #启用 Session Tickets
  ssl_session_ticket_key     ssl/ticket.key;      #配置加密使用的密钥文件
}
```

Session Tickets 也解决了 Session ID 的集群复用问题，只要多台主机共用同一个密钥文件（ticket_key），就能够共享 TLS 会话，无须外部使用 Redis 或 MySQL 同步。

ticket_key 是 Session Tickets 目前的唯一弱点，长期使用一个 ticket_key 会增加被密码分析攻击的风险，安全起见需要定期更换，这又引出了新的待解决问题。

OpenResty 提供了一个模块“ngx.ssl.session.ticket.key_rotation”，它可以利用 Memcached 实现 ticket_key 的定期轮换（rotation），但还尚未加入官方发行包，感兴趣的读者可自行学习研究，按照自己的需求改造。

11.8 总结

HTTPS 使用 SSL/TLS 等诸多协议加固了网络通信，带来了更好的安全性，得到了广泛的应用，OpenResty 也对它提供了完善的支持。

在 OpenResty 里配置 HTTPS 服务非常简单，只需要使用指令“listen *port* ssl”和“ssl_certificate/ssl_certificate_key”加载证书/私钥，但这种方式不够灵活，不适合有大量证书的场合。

OpenResty 为 HTTPS 服务增加了一个关键指令："ssl_certificate_by_lua"，能够在 SSL/TLS 握手阶段执行 Lua 代码，实现各种优化。本章主要介绍了利用 ngx.ssl 动态加载证书，利用 ngx.ocsp 动态查验证书，以及 Session ID 和 Session Tickets 会话复用。

使用这些技术时需要注意，不要让 ssl_certificate_by_lua"包办"所有的事情，而是应当尽量通过 ngx.timer 把数据维护等工作放在后台，同时多使用缓存避免重复的计算和请求，只在 SSL/TLS 握手阶段执行必要的操作，这样才能切实减少握手建连的耗时，达到优化的目的。

比起 HTTP 服务，HTTPS 服务要考虑的东西更多，本章涉及的只是很小的一部分，要想搭建一个完整安全的 HTTPS 系统还需要读者在书后多加努力，但使用 OpenResty 无疑会让我们轻松很多。

第 12 章 HTTP2服务

HTTP2 协议脱胎于 SPDY 协议，是 HTTP 1.0/1.1 的升级和优化，相比于 HTTPS 协议，它的目标是解决网络性能问题。①

自 2015 年正式公布后，经过三年多的时间，HTTP2 已经获得了各大浏览器（Firefox、Chrome、Safari 等）和服务器（Apache、Nginx 等）的全力支持，而且还扩展到了其他的应用领域，例如服务开发框架 gRPC，呈现出加速发展的趋势。

本章将介绍如何基于 OpenResty 搭建 HTTP2 服务。

12.1 简介

HTTP1.0 协议诞生于 1996 年，之后的 1.1 版本又对它做了很多的扩展和完善。时至今日，HTTP 协议已经成为了整个互联网世界应用的最广泛的协议，无数的应用服务构建于它之上，为互联网的普及和发展做出了卓越的贡献。

但随着网络业务的不断发展，HTTP1.x 也逐渐暴露出了当初设计时的许多不足之处，特别是性能上越来越难以应对日益增长的网络需求。虽然在多年的使用过程中也“发明”了各式各样的小技巧（如切图、内嵌数据、JS 合并等），但都是“治标不治本”，最根本的 HTTP 协议没有任何改动，导致性能改善并不明显。

2010 年，Google 推出了 SPDY 协议，在多个方面增强了（而不是替代）HTTP 协议，力图在不打破现状的情况下提升数据传输效率和安全性。由于 SPDY 协议性能表现极佳，而且获得了众多业内的支持，互联网标准组织 IETF 决定以 SPDY 协议为基础制订 HTTP2 协议，最

① HTTP2 协议的正式名字是“HTTP/2”，但为了叙述方便本书之后都简称为“HTTP2”。

终于 2015 年正式发布（RFC 7540）。

为了保护互联网上的大量既存服务，HTTP2 首先强调的就是对 HTTP1.x 的高度兼容，基本的请求/应答模式、请求方法、URI、头部信息等都没有任何改变，尤其值得一提的是，并没有“http2://...”这样的协议名字，HTTP2 的目标是用户可以无感知地升级或降级协议。

在这些表象之下，HTTP2 做了诸多的改进，主要有：

- 二进制格式 ：非明文协议，将数据分为数据帧，更利于组织和传输；
- 多路复用 ：允许使用单个连接同时发起多个请求，不受数量的限制；
- 请求优先级 ：高优先级的请求可以更快地获得响应；
- 流量控制 ：类似 TCP 的流量控制机制，使用“窗口”避免拥塞；
- 头部压缩 ：使用专用的 HPACK 算法压缩冗余的头部信息；
- 服务端推送 ：服务器可以主动向客户端发送“可能”需要的资源；
- 安全性增强 ：禁用了数百种不再安全的算法，减少了被攻破的可能；
- 不强制加密 ：允许用户在安全与性能间做出自己的选择。

OpenResty 基于 Nginx，所以天然地支持 HTTP2，但默认情况下并未启用，需要在编译前的 configure 时使用选项“--with-http_v2_module”开启，例如：

```
./configure --with-http_v2_module                    #编译前的配置，启用 HTTP2
make && make install                                 #编译并安装
```

12.2 服务配置

HTTP2 允许加密连接，也允许非加密连接，但主流的浏览器只支持加密连接，所以基于 SSL/TLS 的 HTTP2 协议实际上成为了“事实标准”，故本书也只介绍加密连接的 HTTP2 服务。

在 OpenResty 里配置 HTTP2 服务非常简单，和配置一个 HTTPS 服务差不多，只需要在 listen 指令后多加一个“http2”选项即可，其他的配置都完全相同，例如：

```
server {                                             #配置 HTTP2 服务器
  listen 85 ssl http2;                               #监听 85 端口，启用 SSL 和 HTTP2
  server_name  *.*;                                  #主机名任意

  ssl_certificate           ssl/metroid.crt;         #目录 conf/ssl 下的证书文件
  ssl_certificate_key       ssl/metroid.key;         #目录 conf/ssl 下的私钥文件

  ssl_session_timeout       10m;                     #会话超时时间为 10 分钟
  ssl_prefer_server_ciphers on;                      #优先使用服务器的加密算法
```

```
    ssl_session_tickets         on;                  #启用Session Tickets
    ssl_session_ticket_key      ssl/ticket.key;      #配置加密使用的密钥文件
    ...                                              #其他配置
}
```

请注意，这段配置里与第 11 章 HTTPS 服务器唯一不同之处就是 listen 指令后的“http2”选项

12.3 应用开发

因为 HTTP2 保持了对 HTTP1.0/1.1 的高度兼容性，多路复用、头部压缩等工作都是在底层进行的，所以使用 OpenResty 开发 HTTP2 应用没有任何难度，与开发普通的 HTTP 或 HTTPS 应用一样。

我们可以在“ssl_certificate_by_lua”里动态加载证书，在“rewrite_by_ lua”里改写 URI 跳转，在“access_by_lua”里做访问控制，在“content_by_lua”里产生响应内容，在“log_by_lua”里记录日志，所有的 ngx.*功能接口和 lua-resty 库也可以毫无障碍地使用。如果读者已经阅读了本书之前的章节，那么只要配置好 HTTP2 服务，就可以立即开始开发工作。

下面的代码简单地输出了两个 Nginx 变量，其中的$http2 是 HTTP2 协议特有的变量，标识了 HTTP2 协议的类型，“h2”表示“HTTP/2 over TLS”，“h2c”表示“HTTP/2 over cleartext”：

```
location / {                                    #location 块，匹配任意 URI
  content_by_lua_block {                        #一个简单的 HTTP2 应用
    ngx.say("hello ", ngx.var.http2)            #输出变量$http2
    ngx.say("scheme: ", ngx.var.scheme)         #输出变量$scheme
  }                                             #Lua 代码结束
}
```

不过目前 OpenResty 对 HTTP2 新特性支持的比较弱，例如不支持服务端推送，还有待将来的发展。

12.4 测试验证

curl 测试 HTTP2 服务需要一个额外的“nghttp2”库的帮助，并且必须重新编译，具体方法可查阅网络相关资料，本书不做过多介绍。

使用参数“--http2”可以让 curl 发送 HTTP2 请求，例如：

```
curl --http2 -k 'https://127.0.0.1:85/'           #请求 HTTP2 服务，不验证证书
```

注意在 URL 里没有（也不应该）出现与 HTTP2 有关的任何信息，命令的输出是：

```
hello h2
scheme: https
```

12.5　总结

HTTP2 是 HTTP 1.x 的继任者，也是未来 Web 世界的标准通信协议，虽然现在应用的网站还不多，但我们应该提早做好准备。

OpenResty 基于 Nginx 很好地支持了 HTTP2，搭建 HTTP2 服务非常容易，与普通的 HTTP/HTTPS 服务差不多，只需要在 listen 时多加一个“http2”的选项。

由于 HTTP2 高度兼容 HTTP 1.x，很多性能优化技术都位于底层，在业务层面完全无感知，所以原有的 HTTP 1.x 应用能够轻松地迁移到 HTTP2 上，我们也可以很容易地编写 Lua 代码，任意发挥 OpenResty 内置的众多强大功能，开发出各种 HTTP2 Web 应用。

第 13 章

WebSocket服务

“WebSocket”是一种基于 TCP 的新型网络协议，对应“TCP Socket”，可以理解为运行在 Web（即 HTTP）上的 Socket 通信规范。

WebSocket 出现在 HTTP2 之前，两者的出发点都是为了解决现有 HTTP 协议的缺陷，所以很多功能有相似之处，但应用的场景和最终的目的是不同的，WebSocket 的关注点是实现双方向的实时通信。

OpenResty 内置 lua-resty-websocket 库完整地支持 WebSocket 功能，其中的客户端部分已经在 8.6 节做过介绍，本章将讲解服务器端的开发知识。

13.1 简介

在 HTTP1.x 时代（HTTP2 出现之前）开发实时 Web 应用是十分困难的，因为 HTTP 协议中服务器只能被动响应客户端的请求。为了实现“实时”数据传输，先后提出了 Polling 和 Comet 等技术，但本质上都是反复向服务器发送请求（即轮询），浪费网络带宽，效率很低。

2011 年互联网标准化组织 IETF 发布了 WebSocket（RFC 6455），正如名字的字面含义“Web + Socket”，它使用 HTTP 协议通过“握手”动作建立连接，但却是一个完全基于 TCP 的全双工通信协议，很好地解决了实时通信的问题，让我们能够基于 B/S 架构开发出类似 C/S 的应用服务。

WebSocket 是一个轻量级的协议，兼具 HTTP 和 TCP 协议的特点，例如：

- 使用较小的头部信息，节约资源；
- 使用二进制帧传输数据；

- 支持数据压缩；
- 真正的持久连接，是有状态的协议；
- 全双工通信，支持实时交换数据。

WebSocket 也使用 URI 来定位服务，但协议的名字是“ws://”（明文）或“wss://”（SSL/TLS 加密），例如：

```
ws://127.0.0.1:86/srv                  #运行在本机 86 端口的 WebSocket 服务
```

13.2 服务配置

WebSocket 基于 TCP 通信，但握手利用的仍然是 HTTP 协议（使用“Upgrade: websocket”头要求协议升级），所以在建立连接的初始阶段完全兼容 HTTP 协议（之后就切换到了 WebSocket 协议），默认端口就是 80 或 443，在 OpenResty 里的配置方法与标准的 HTTP 服务完全相同，例如：

```
server {                                         #配置 WebSocket 服务器
  listen 86;                                     #监听 86 端口，未启用 SSL
  server_name  *.*;                              #主机名任意

  location ~ ^/(\w+) {                           #定义服务程序的入口点
    content_by_lua_file service/websocket/$1.lua;
  }
}
```

可见，WebSocket 服务的配置代码在形式上与普通的 HTTP 服务没有任何区别，其差异只有在连接后才能显现。

13.3 应用开发

因为 WebSocket 建立连接时用的是 HTTP 协议，所以在发送响应之前的处理和正常的 HTTP 请求一样，“ssl_certificate_by_lua”“rewrite_by_lua”“access_by_lua”等阶段都可以使用，执行加载证书、改写 URI、访问控制等功能。

真正的 WebSocket 协议处理需要集中在“content_by_lua”阶段实现，OpenResty 调用 ngx.req.socket（7.11 节）获取连接客户端的 cosocket，flush 后直接与客户端通信，从而实现了 WebSocket 协议。

OpenResty 使用库 lua-resty-websocket 提供完整的 WebSocket 功能，包括客户

端、服务器端、帧处理三个部分（客户端可参见 8.6 节）。编写服务器功能用到的模块是 resty.websocket.server，其接口与 resty.websocket.client 基本相同，但因为是运行在服务器端，不需要 connect 或 set_keepalive，也不能简单地关闭连接，而要使用无限循环来持续地与客户端通信，接收处理数据，直至收到 close 帧。

下面的代码示范了一个简单的 WebSocket 服务器（省略了部分错误处理），它对应 8.6 节的 WebSocket 客户端：

```
local server = require "resty.websocket.server"    -- 加载 WebSocket 库

local wb, err = server.new{                          -- 创建服务器对象
    timeout = 5000,                                  -- 超时时间 5 秒
    max_payload_len = 1024 * 64,                     -- 数据帧最大 64KB
    }

if not wb then                                       -- 检查对象是否创建成功
  ngx.log(ngx.ERR, "failed to init: ", err)          -- 记录错误日志
  ngx.exit(444)                                      -- 无法运行 WebSocket 服务
end

local data, typ, bytes, err                          -- 返回值使用的变量声明

while true do                                        -- 无限循环提供服务
  data, typ, err = wb:recv_frame()                   -- 接收数据帧

  if not data then                                   -- 检查是否接收成功
    if not string.find(err, "timeout", 1, true) then   -- 忽略超时错误
      ngx.log(ngx.ERR, "failed to recv: ", err)      -- 其他错误则记录日志
      ngx.exit(444)                                  -- 无法运行 WebSocket 服务
    end
  end

  if typ == "close" then                             -- close 数据帧
    bytes, err = wb:send_close()                     -- 发送 close 数据帧
    ngx.exit(0)                                      -- 服务正常结束
  end

  if typ == "ping" then                              -- ping 数据帧
    bytes, err = wb:send_pong()                      -- 发送 pong 数据帧
  end

  if typ == "text" then                              -- 文本数据帧
    bytes, err = wb:send_text(...)                   -- 发送响应数据
  end
```

```
end                                           -- 无限循环
```

13.4 总结

WebSocket 是一个与 HTTP“平级”的协议，两者都基于 TCP，但 WebSocket 在握手阶段利用了 HTTP 协议，这一点虽然设计的比较巧妙，对于初学者却会导致概念混淆，难以把握 WebSocket 的实质。

OpenResty 使用库 lua-resty-websocket 完全支持 WebSocket，服务的配置与普通 HTTP 服务相同，只需要在“content_by_lua”里调用模块 resty.websocket.server 提供的各种接口即可轻松实现 WebSocket 服务端功能，开发出实时 Web 应用。

第 14 章 TCP/UDP服务

前面十多章我们研究的都是处理 HTTP/HTTPS 协议的 http 子系统，配置和代码都写在 http{}里。本章将介绍 OpenResty 中处理 TCP/UDP 协议的 stream 子系统，它使用的是 stream{}，能够基于 TCP/UDP 协议开发出更通用的网络服务。

14.1 简介

早期的 OpenResty 只能处理 HTTP 协议，使用的是 ngx_lua 模块。在 Nginx 1.9.0 引入 stream 子系统后，OpenResty 也实现了运行在 stream{}里的 stream_lua 模块。时至两年后的今天，stream_lua 模块终于达到了“production ready”状态，可以较好地处理 TCP/UDP 协议，并已经有了多个实际应用（如纯 Lua 实现的 DNS 服务器）。

stream 子系统与 http 子系统拥有相同的基因，但因为它面对的是不透明的二进制数据流，所以在处理方式上略有不同，要求开发者必须自己做协议解析、数据收发等工作。还有一点区别是没有“location”，直接在 server{}配置块里定义服务的各种参数。

一个简单的 TCP 服务配置示例如下：

```
stream {                                          #stream 子系统
  server {                                        #定义一个 TCP 服务
    listen 53;                                    #监听 53 端口，无 location
    allow 127.0.0.1;                              #访问控制
    deny all;                                     #访问控制

    content_by_lua_block {                        -- 执行 Lua 代码
        ngx.say("hello openresty")                -- 输出字符串
    }
```

```
    }                                               #TCP 服务定义结束
}                                                   #stream 子系统定义结束
```

使用 OpenResty 开发 TCP/UDP 服务需要特别注意的是：目前 stream 子系统和 http 子系统是两个完全独立的系统，使用各自的 Lua VM 实例，运行环境彼此隔绝，代码、数据、共享内存都不能互通。[①]

14.2 配置指令

OpenResty 的 stream 子系统较好地保持了与 http 子系统的兼容性，大部分 http 子系统里的指令都可以在 stream{}配置块里使用，形式和功能也完全相同，例如：

```
stream {                                                  #stream 子系统的配置
  lua_package_path    "$prefix/service/?.lua;;";          #Lua 库的查找路径
  lua_package_cpath   "$prefix/service/lib/?.so;;";       #so 库的查找路径

  lua_code_cache                     on;                  #启用代码缓存

  lua_socket_connect_timeout         2s;                  #cosocket 连接超时
  lua_socket_send_timeout            2s;                  #cosocket 发送超时
  lua_socket_read_timeout            2s;                  #cosocket 接收超时
  lua_socket_pool_size               50;                  #cosocket 连接池大小
  lua_socket_keepalive_timeout       10s;                 #cosocket 空闲时间
  lua_socket_buffer_size             1k;                  #cosocket 缓存大小

  lua_check_client_abort             on;                  #检测客户端断连

  lua_max_pending_timers             100;                 #定时器数量
  lua_shared_dict           shmem    5m;                  #共享内存

  ...                                                     #其他配置指令
}
```

但毕竟 TCP/UDP 协议与 HTTP 协议是不同的，而且目前 stream_lua 还不完善，所以有些指令不能在 stream 子系统里使用，如 lua_need_request_body、lua_malloc_trim、lua_regex_match_limit 等，不过这只是极少数情况。

此外，OpenResty 还提供一个特别的指令“lua_add_variable”，它类似于 http 子

---

① stream 子系统有计划在今后使用共享内存与 http 子系统互相通信，但尚未有具体时间表。

系统里的 set，不过只能定义空变量，方便我们在代码里使用 ngx.var 操作，示例如下：[①]

```
lua_add_variable $new_var;                    #定义一个空变量

server {                                      #TCP 服务
    listen 785;                               #监听 785 端口
    content_by_lua_block {                    -- 执行 Lua 代码
        assert(not ngx.var.new_var)           -- 变量初始是 nil
        ngx.var.new_var = 'hello'             -- 赋值变量
        ngx.say(ngx.var.new_var)              -- 输出变量
    }
}
```

14.3 运行机制

OpenResty 在 stream 子系统里为 TCP/UDP 服务定义了多个阶段，分阶段来处理请求，其结构与 http 子系统很相似，但也有所不同。

14.3.1 处理阶段

TCP/UDP 服务的生命周期同样分成 initing、running 和 exiting 三个阶段，initing 阶段的划分与 http 子系统相同：

- configuration　　：读取配置文件，解析配置指令，设置运行参数；
- master-initing　 ：配置文件解析完毕，master 进程初始化公用的数据；
- worker-initing　 ：worker 进程自己的初始化，进程专用的数据。

在 running 阶段，OpenResty 也会对每个 TCP/UDP 请求使用“流水线”顺序进行处理，处理阶段包括：

- access　　　　：权限访问控制；
- ssl　　　　　 ：SSL/TLS 安全通信和验证；
- preread　　　 ：在正式处理之前“预读”部分数据；
- content　　　 ：产生响应内容；
- filter　　　　：对上下行的数据进行过滤加工处理；
- log　　　　　 ：请求处理完毕，记录日志，或者其他的收尾工作。

---

① stream 子系统提供 lua_add_variable 指令的原因是目前 set 指令在 stream{}里不能使用，无法直接定义变量，将来如果 set 可以使用，那么 lua_add_variable 也就没有必要存在了。

可以看到，stream 子系统的 access 阶段发生在 ssl 之前，并且没有 rewrite 阶段，因为 TCP/UDP 协议不存在 URI，不会有改写动作。

14.3.2 执行程序

stream 子系统同样提供了与处理阶段对应的“*xxx*_by_lua”指令，用来在这些阶段里插入 Lua 代码，执行业务逻辑。可用的有：

- init_by_lua ：master-initing 阶段，初始化全局配置或模块；
- init_worker_by_lua ：worker-initing 阶段，初始化进程专用功能；
- preread_by_lua ：preread 阶段，“预读”部分数据；
- content_by_lua ：content 阶段，产生响应内容；
- balancer_by_lua ：content 阶段，反向代理时选择后端服务器；
- log_by_lua ：log 阶段，记录日志或其他的收尾工作。

因为目前 stream_lua 还在持续开发中，功能尚不够完善，所以暂时没有“access_by_lua”“ssl_certificate_by_lua”“filter_by_lua”这三个指令。

另一个与 http 子系统不同的是我们可以使用“preread_by_lua”，这是 stream 子系统的独有阶段，可以预先读取部分数据（调用 ngx.req.socket），执行格式解析等工作，配合 proxy_pass、balancer_by_lua 就能够实现复杂的反向代理逻辑。

stream 子系统里的这些指令只有两种形式：

- *xxx*_by_lua_block ：执行指令后{...}里的 Lua 代码块；
- *xxx*_by_lua_file ：功能相同，但执行磁盘上的源码文件。

14.3.3 流程图

stream 子系统里的处理阶段和指令的先后顺序如图 14-1 所示：

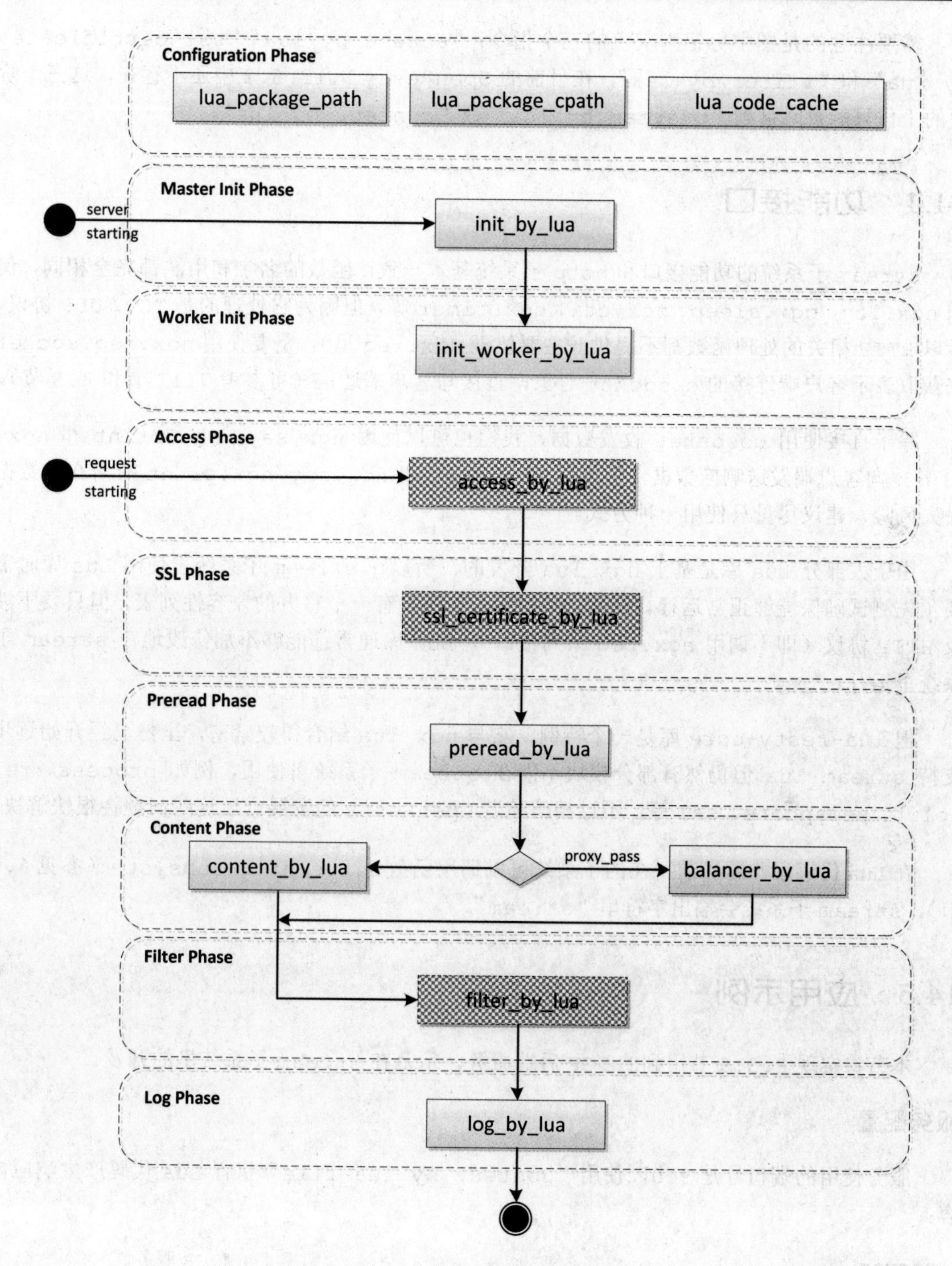

图 14-1 stream 子系统里的处理阶段和指令的先后顺序

需要注意的是图中标记为灰色的三个指令："access_by_lua""ssl_certificate_by_lua"和"filter_by_lua"，在目前的 OpenResty 1.13.6.2 中还不存在，这三个阶段的工作只能暂时挪到"preread_by_lua"或"content_by_lua"。

14.4 功能接口

stream 子系统的功能接口和 http 子系统基本一致，函数的名字和用法都完全相同，例如 ngx.log、ngx.sleep、ngx.ctx、ngx.timer 等，但因为它处理的是 TCP/ UDP 协议，所以 HTTP 相关的处理函数都不提供（主要位于 ngx.req 里），需要使用 ngx.req.socket 来获取表示客户端连接的 cosocket 对象，直接与客户端通信（可参考 7.11 节和 8.3 节）。

除了直接使用 cosocket 收发数据，我们也可以使用 ngx.say、ngx.print 和 ngx.flush 向客户端发送响应数据，但混用 cosocket 和 ngx.say/ngx.print 有潜在的数据丢失风险，建议尽量只使用一种方式。

由于大部分 Lua 库是基于 ngx_lua 开发的，所以在 stream 子系统里使用 Lua 库时需要预先测试确保能够正常运行。目前 OpenResty 还没有一个官方的兼容性列表，但只要不涉及 HTTP 协议（即不调用 ngx.req 系列接口），Lua 库通常都能够不加修改地在 stream 子系统里运行。

但 lua-resty-core 库是一个特例，它与 ngx_lua 结合得较紧密，虽然已经开始逐步支持 stream_lua 但仍然有部分模块不能在 stream 子系统里使用，例如 process、re.split、semaphore、ssl 等，不过相信随着 OpenResty 的发展今后这些问题会很快解决。

在 Lua 代码里判断当前所在的子系统可以调用函数 ngx.config.subsystem（参见 6.1 节），stream 子系统会输出字符串"stream"。

14.5 应用示例

本节将实现 8.3.9 节用到的 TCP 后端服务，示范在 stream 子系统里的开发。

服务配置

服务使用的端口号是 900，使用"content_by_lua_file"执行 Lua 代码产生响应内容：

```
server {                                    #TCP 服务
    listen 900;                             #监听 900 端口
```

```
    content_by_lua_file service/stream/cosocket.lua;    #执行 Lua 代码
}
```

功能实现

这个 TCP 服务可接受的消息格式是“header+body”，均使用 MessagePack 编码，只有正确地获取了 header 里的 len 信息才能读取后续的 body 数据，为此需要了解 MessagePack 对整数的编码规则，编写一个辅助函数 msgpack_uint_helper：

```
local function msgpack_uint_helper(c)   -- 辅助函数，解码整数
  ...                                   -- 具体实现代码略，返回剩余待读的字节数
end
```

开发 TCP/UDP 服务最重要的步骤就是调用 ngx.req.socket，只要获取了连接客户端的 cosocket 对象，就可以调用 receive/send 任意地收发数据：

```
local sock = ngx.req.socket()               -- 获取连接客户端的 cosocket 对象

local c, err = sock:receive(1)              -- 先读取客户端发送的第一个字节

local remains = msgpack_uint_helper(c)  -- 根据编码规则判断剩余的 header 长度

local len
if remains == 0 then                    -- 已经接收完 header 数据
  len = mp.unpack(c)                    -- 直接解码出 body 长度
else
  local data = sock:receive(remains)    -- 再接收剩余的 header 字节
  len = mp.unpack(c .. data)            -- 拼在一起解码出 body 长度
end

local data, err = sock:receive(len)     -- 接收长度为 len 的 body 数据

local msg = mp.unpack(data)             -- 解码 body
msg = string.rep(msg.str, msg.num)      -- 加倍字符串

local body = mp.pack(msg)               -- 编码数据生成 body
local header = mp.pack(#body)           -- 编码长度生成 header

local bytes = sock:send(header..body)   -- 发送数据
ngx.log(ngx.ERR, "send bytes: ", bytes) -- 记录日志

sock:shutdown("send")                   -- 关闭写方向
```

14.6 总结

OpenResty 诞生之初主要聚焦在 HTTP 应用开发，近几年随着 Nginx 引入 stream 子系统，它也逐渐开始支持 TCP/UDP 应用开发，目前虽然还达不到 ngx_lua 那样的完善程度，但应对大多数中等复杂度的服务绝对是绰绰有余。

OpenResty 的 stream 子系统较好地保持了与 http 子系统的兼容性，大部分 http 子系统里的指令和功能接口都可以直接使用，形式和功能也基本相同，开发 HTTP 应用时积累的经验可以“原封不动”地照搬，很好地降低了开发 TCP/UDP 应用的难度。

与 http 子系统类似，stream 子系统也分阶段处理请求，但我们应当对两者的不同之处特别留意。它的 access 阶段发生在 ssl 之前，没有 rewrite 阶段，多了一个“preread_by_lua”。而且因为还处在持续开发状态，功能尚不完善，暂时没有“access_by_lua”“ssl_certificate_by_lua”“filter_by_lua”这三个指令。

在 stream 子系统里编写服务代码可以调用很多 OpenResty 提供的功能接口，如 ngx.log、ngx.sleep、ngx.say、ngx.timer、ngx.thread 等，但最关键的操作是调用 ngx.req.socket 获取连接客户端的 cosocket 对象，使用 cosocket 无阻塞地收发数据，实现与客户端的 TCP/UDP 通信。

第 15 章 结束语

由于本书作者水平有限，而且编写的时间较紧张，还有许多 OpenResty 开发相关的领域未能详细阐述，本章简单列出了几个较有价值的研究方向，供读者参考。

安全防护

在如今这个复杂多变的网络世界中，开发 Web 应用的同时必须要考虑对应用做安全防护。

安全防护有很多方面，也有很多的应对手段。OpenResty 提供了大量的工具，从最基本的 MD5/SHA1 摘要算法，到防止 SQL 注入，再到访问权限控制、策略限速限连和最高级的 WAF，打造了全方位的防护解决方案。而且由于 OpenResty 应用开发极为方便，还可以进行二次开发，通过定制来强化防护能力。

下面的代码简单示范了库 lua-resty-limit-traffic 的用法，限制服务能力为最多 10 req/s:

```
lua_shared_dict limit_req_store 10m;                 #定义多进程间使用的共享内存

server {                                             #限速的服务器
  listen 87;
  location / {
    access_by_lua_block {                            -- 在 access 阶段限速
      local limit_req = require "resty.limit.req"    -- 加载功能库

      local lim, err =                               -- 创建限速规则
          limit_req.new("limit_req_store", 10, 5)    -- 需要使用共享内存

      local key = ngx.var.binary_remote_addr         -- 限速使用的键值
      local delay, err = lim:incoming(key, true)     -- 计算是否应当限速
```

```
    if not delay then
      if err == "reject" then                     -- reject 则拒绝访问
        return ngx.exit(503)
      end
      return ngx.exit(500)                        -- 其他意外错误
    end

    if delay > 0 then                             -- 应当延后的时间
      ngx.sleep(delay)                            -- 延后再响应请求
    end
  }                                               #限速代码结束

  content_by_lua_block {...}                      -- 正常的内容处理逻辑
 }
}
```

扩展 OpenResty

为了满足扩展功能接口的特定需求，OpenResty 在源码包里提供了头文件“ngx_http_lua_api.h”和“ngx_stream_lua_api.h”，允许第三方在不修改 ngx_lua/stream_lua 源码的前提下编写 Nginx C 模块，为 OpenResty 增添新的功能接口。

开发 C 模块需要对 Nginx 和 Lua 的运行机制有较深刻的认识，可以参考 ngx_lua 或 stream_lua 的源码。以 http 子系统为例，基本流程是调用 ngx_http_lua_get_global_state 获取 Lua 虚拟机，再调用 ngx_http_lua_get_request 获取当前的请求对象，之后就可以在 Nginx 里处理请求。

编写完 Lua 函数后需要调用 ngx_http_lua_add_package_preload，把自己的函数添加到表 package.preload 里，由 ngx_lua 再加载进 Lua VM。

调试

写程序就免不了调试，但在 OpenResty 里调试的方法与其他的编程语言差异很大。

开发 OpenResty 应用没有如 Visual Studio、Eclipse 那样的集成开发环境，不能使用传统的单步调试方式，编程语言是 Lua，也不能使用 GDB。

调试 OpenResty 程序的主要手段就是打印日志，在程序的关键节点加入 ngx.log 记录日志，打印必要的变量来推断程序的运行情况。本质上和单步调试也差不多，但需要反复 reload 程序，略麻烦一些，而且不是实时的。

测试

测试是调试的补充，写单元测试也是程序员的一项基本功。

Test::Nginx 是 OpenResty 官方提供的测试工具，它专门为 OpenResty/Nginx 单元测试设计，可以轻松实现自动化测试、测试驱动开发和性能测试。

Test::Nginx 基于 Perl 语言定义了一套完整的测试框架，使用若干个预定义的“标签”书写测试用例，原理是启动一个 OpenResty 实例，用定时器运行测试代码，然后检验输出结果或错误日志。

Test::Nginx 的功能很强大，语法标签很多，但可惜的是没有完善的文档，限制了它在众多 OpenResty 用户中的推广使用。

下面是 Test::Nginx 的一个简单例子，测试 ngx.var 的使用：

```
use Test::Nginx::Socket 'no_plan';          #加载 Perl 测试功能模块
run_tests();                                #调用函数，执行 DATA 部分的测试用例

__DATA__                                    #定义要执行的所有测试用例

=== TEST 1 : var.request_method             #开始一个测试用例
--- config                                  #测试使用的 location 配置
location = /var {
    content_by_lua_block {                  -- 书写测试代码
        ngx.say(ngx.var.request_method)     -- 输出变量的值
    }
}
--- request                                 #测试请求的 URI
GET /var
--- response_body                           #预计的返回结果
GET
```

此外还有一些纯 Lua 的单元测试框架，如 busted，不过还没有获得足够的认可。

高级分析调试

我们的 Web 应用运行在真实环境中可能会出现许多难以解释的奇怪现象，例如 CPU 占用高、内存泄漏、性能不稳定等，有些问题发生的几率很低，在测试环境下很难复现，用静态代码审查、打印日志、单元测试等传统手段很难定位排查。

这个时候就要用到动态追踪（Dynamic Tracing）这样的高级分析调试技术了。它可以在操作系统的内核级别“探查”进程，提取进程内部的各种信息，并且完全不影响进程的正常

运行，能够在生产环境里使用真实流量分析调试 bug，解决各种“疑难杂症”。

动态追踪起源于 Solaris 的 DTrace，在 Linux 系统里则是大名鼎鼎的 SystemTap。而 OpenResty 则基于 SystemTap 开发了若干个实用的工具，能够简单地对进程进行无感知的采样分析，生成 CPU 时间、内存泄漏等方面的可视化图表——也就是俗称的“火焰图”，从全局视角查看整个程序的调用栈执行情况，进而快速定位问题。

图 15-1 就是一个火焰图的例子，显示了 Nginx 中一次请求处理的 CPU 占用情况。

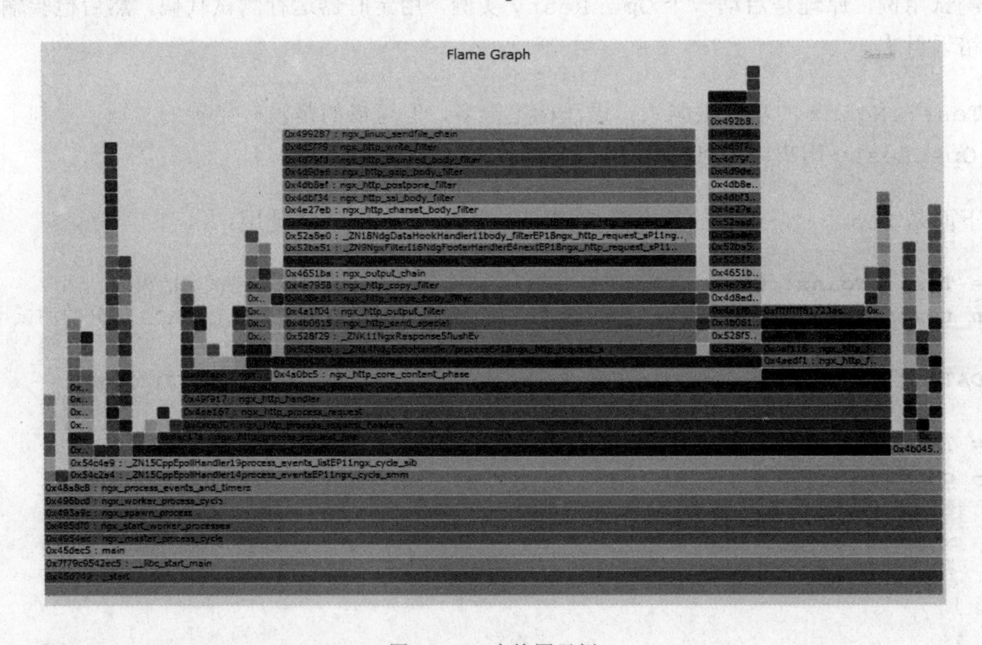

图 15-1　火焰图示例

附录 A

推荐书目

这里列出了一些作者认为值得阅读的经典书籍，它们也是作者编写本书时的案头必备参考资料，在此与读者共享。

[1] Erich Gamma 等著．李英军等译.《设计模式 可复用面向对象软件的基础》
软件开发历史上里程碑式的著作，设计模式的开山作品，里面提出的 23 个设计模式已经成为软件界的经典，被无数其他论文或书刊引用，也被无数的软件系统所验证并使用，可以说是字字珠玑，值得经常翻阅以获取设计灵感。

[2] Kernighan & Ritchie 著．徐宝文等译.《C 程序设计语言》
学习 C 语言的最权威书籍，由 C 语言之父亲自编写。

[3] W.Richard Stevens 等著．尤晋元等译.《UNIX 环境高级编程》.
UNIX 编程名著，UNIX/Linux 程序员必备，无须过多介绍。

[4] W.Richard Stevens 等著．杨继张译.《UNIX 网络编程 第 1 卷》
UNIX 网络编程的权威著作，深入介绍 UNIX 下的网络编程的方方面面。

[5] 罗剑锋著.《Nginx 完全开发指南：使用 C、C++和 OpenResty》
本书深入 Nginx 源码，解析了进程模型、模块体系、动态插件、事件驱动、多线程等内部核心运行机制，有助于读者更好地理解 Nginx 的工作原理，并使用 C/C++/nginScript 等语言来深度开发定制 Nginx。

附录 B

定制OpenResty

OpenResty 打包了 Nginx 和相关的众多开发组件，可以在编译前的 configure 时使用“--with-*xxx*”或“--without-*xxx*”随意增减，定制化程度很高。

但在某些极特殊的情况下——比如需要特定版本的 Nginx 或 LuaJIT，现有的 OpenResty 官方包就难以满足要求。这时我们也可以仿造 OpenResty 的方式，以 Nginx 为内核，自行挑选所需的模块，打造出自己的“OpenResty 发行版”。

自行编译 OpenResty 必须的组件是 Nginx、LuaJIT 和 ngx_lua/stream_lua。

编译依赖

与源码的方式安装 OpenResty 相同，自行编译 OpenResty 也要预先安装一些工具和库，例如：

```
apt-get install gcc libpcre3-dev \                   #Ubuntu 系统使用 apt-get
   libssl-dev perl make build-essential              #安装 gcc 等编译依赖
yum install pcre-devel openssl-devel gcc curl        #CentOS/Fedora 使用 yum
```

获取源码

Nginx 的源码位置在 nginx.org，这里我们使用 1.14.0 稳定版：

```
wget http://nginx.org/download/nginx-1.14.0.tar.gz
```

LuaJIT 的源码位置在 luajit.org，我们使用 2.0.5 稳定版：

```
wget http://luajit.org/download/LuaJIT-2.0.5.tar.gz
```

编译 ngx_lua/stream_lua 还需要一个辅助模块 ngx_devel_kit，它也在 GitHub 上，我们使用 0.3.0 版：

```
wget https://github.com/simplresty/ngx_devel_kit/archive/v0.3.0.tar.gz
```

最后我们需要下载 ngx_lua 和 stream_lua 的源码，注意最好不要直接 git clone 源码，而是下载 Release 页面打好版本号的包：

```
wget https://github.com/openresty/
            lua-nginx-module/archive/v0.10.13.tar.gz
wget https://github.com/openresty/
            stream-lua-nginx-module/archive/v0.0.5.tar.gz
```

编译 LuaJIT

LuaJIT 的编译非常简单，标准的“make && sudo make install”即可。LuaJIT 默认会安装到/usr/local 目录下，使用参数 PREFIX 可以变动安装目录，例如：

```
make PREFIX=/opt/lj2                                     #安装到/opt/lj2
```

集成 ngx_lua 和 stream_lua

在编译 ngx_lua 和 stream_lua 前需要先使用环境变量指定 LuaJIT 的位置，例如：

```
export LUAJIT_LIB=/usr/local/lib                          #LuaJIT 库路径
export LUAJIT_INC=/usr/local/include/luajit-2.0           #LuaJIT 头文件路径
```

然后我们就可以使用“--add-module”等选项把模块集成进 Nginx，或者改用“--add-dynamic-module”编译为动态模块，在运行时动态加载：

```
./configure                                         \   #配置 Nginx
   --prefix=/opt/my_openresty                       \   #定制安装目录
   --with-ld-opt="-Wl,-rpath,/usr/local/lib"        \   #指定 LuaJIT 链接路径
   \
   --add-module=/path/to/ngx_devel_kit              \   #ndk 模块
   --add-module=/path/to/lua-nginx-module           \   #ngx_lua 模块
   \
   --with-stream                                    \   #stream 子系统
   --with-stream_ssl_module                         \   #stream 子系统支持 SSL
   --add-module=/path/to/stream-lua-nginx-module        #stream_lua 模块
```

需要注意的是必须要使用“--with-ld-opt”指定 LuaJIT 链接路径，否则 ngx_lua 会因为找不到 LuaJIT 而无法运行。

目前 Nginx 默认不启用 stream 子系统，所以为了在 OpenResty 里使用 stream_lua 就要加上“--with-stream”和“--with-stream_ssl_module”。

之后执行“make && sudo make install”即可。